今すぐ使える かんたん mini

JN048952

Word & Excel の
基本と便利が
これ1冊でわかる本

AYURA 著

技術評論社

本書の使い方

☑ 画面の手順解説だけを読めば、操作できるようになる！
☑ もっと詳しく知りたい人は、補足説明を読んで納得！
☑ これだけは覚えておきたい機能を厳選して紹介！

特長1

機能ごとに
まとまっているので、
「やりたいこと」が
すぐに見つかる！

基本操作

手順の部分だけを読
んで、パソコンを操
作すれば、難しいこ
とはわからなくても、
あっという間に操作
できる！

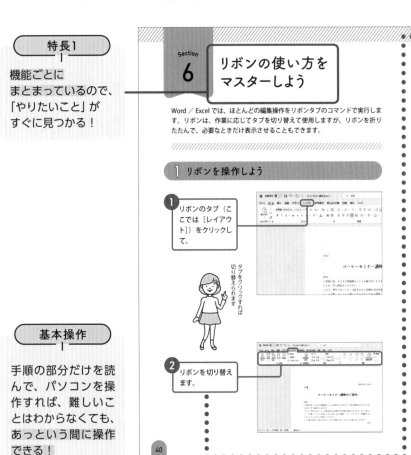

Section
6
リボンの使い方を
マスターしよう

Word ／ Excel では、ほとんどの編集操作をリボンタブのコマンドで実行しま
す。リボンは、作業に応じてタブを切り替えて使用しますが、リボンを折り
たたんで、必要なときだけ表示させることもできます。

1 リボンを操作しよう

1 リボンのタブ（こ
こでは［レイアウ
ト］）をクリックし
て、

タブをクリックすれば
切り替えられます

2 リボンを切り替え
ます。

特長2
┃
やわらかい上質な紙を
使っているので、
片手でも開きやすい！

特長3
┃
大きな操作画面で
該当箇所を
囲んでいるので
よくわかる！

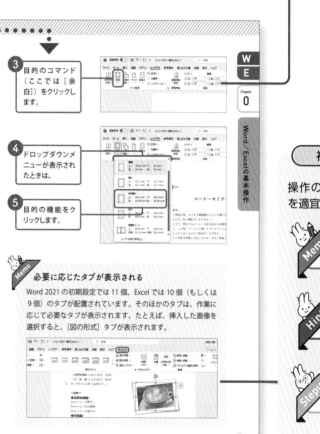

③ 目的のコマンド
（ここでは［余
白］）をクリックし
ます。

W
E

Chapter
0

④ ドロップダウンメ
ニューが表示され
たときは、

⑤ 目的の機能をク
リックします。

Word／Excelの基本操作

補足説明
┃
操作の補足的な内容
を適宜配置！

Memo　補足説明

Hint　便利な機能

Stepup　応用操作解説

Memo 必要に応じたタブが表示される

Word 2021 の初期設定では 11 個、Excel では 10 個（もしくは
9 個）のタブが配置されています。そのほかのタブは、作業に
応じて必要なタブが表示されます。たとえば、挿入した画像を
選択すると、［図の形式］タブが表示されます。

パソコンの基本操作

☑ 本書の解説は、基本的にマウスを使って操作することを前提としています。
☑ お使いのパソコンのタッチパッド、タッチ対応モニターを使って操作する
　場合は、各操作を次のように読み替えてください。

1 マウス操作

●クリック（左クリック）

クリック（左クリック）の操作は、画面上にある要素やメニューの項目を選
択したり、ボタンを押したりする際に使います。

マウスの左ボタンを1回押します。

タッチパッドの左ボタン（機種によっ
ては左下の領域）を1回押します。

●右クリック

右クリックの操作は、操作対象に関する特別なメニューを表示する場合など
に使います。

マウスの右ボタンを1回押します。

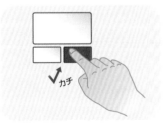

タッチパッドの右ボタン（機種によっ
ては右下の領域）を1回押します。

●ダブルクリック

ダブルクリックの操作は、各種アプリを起動したり、ファイルやフォルダーなどを開く際に使います。

マウスの左ボタンをすばやく2回押します。

タッチパッドの左ボタン（機種によっては左下の領域）をすばやく2回押します。

●ドラッグ

ドラッグの操作は、画面上の操作対象を別の場所に移動したり、操作対象のサイズを変更する際などに使います。

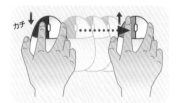

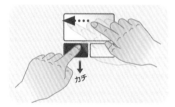

マウスの左ボタンを押したまま、マウスを動かします。目的の操作が完了したら、左ボタンから指を離します。

タッチパッドの左ボタン（機種によっては左下の領域）を押したまま、タッチパッドを指でなぞります。目的の操作が完了したら、左ボタンから指を離します。

Memo ホイールの使い方

ほとんどのマウスには、左ボタンと右ボタンの間にホイールが付いています。ホイールを上下に回転させると、Webページなどの画面を上下にスクロールすることができます。そのほかにも、Ctrl を押しながらホイールを回転させると、画面を拡大／縮小したり、フォルダーのアイコンの大きさを変えたりできます。

2 利用する主なキー

●半角／全角キー

日本語入力と英語入力を切り替えます。

●エンターキー

変換した文字を決定するときや、改行するときに使います。

●ファンクションキー

12個のキーには、ソフトごとによく使う機能が登録されています。

●デリートキー

文字を消すときに使います。「del」と表示されている場合もあります。

●バックスペースキー

入力位置を示すポインターの直前の文字を1文字削除します。

●文字キー

文字を入力します。

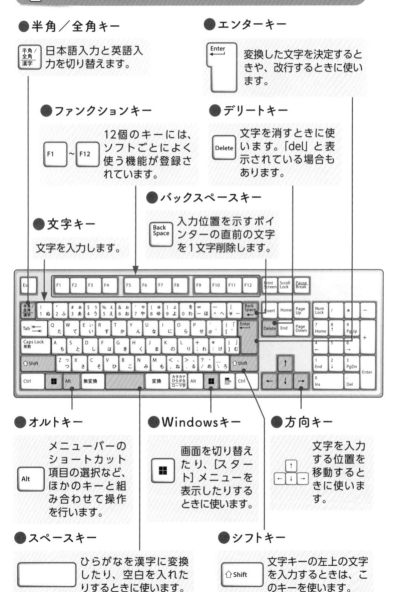

●オルトキー

メニューバーのショートカット項目の選択など、ほかのキーと組み合わせて操作を行います。

●Windowsキー

画面を切り替えたり、[スタート] メニューを表示したりするときに使います。

●方向キー

文字を入力する位置を移動するときに使います。

●スペースキー

ひらがなを漢字に変換したり、空白を入れたりするときに使います。

●シフトキー

文字キーの左上の文字を入力するときは、このキーを使います。

●タップ

画面に触れてすぐ離す操作です。ファイルなど何かを選択するときや、決定を行う場合に使用します。マウスでのクリックに当たります。

●ダブルタップ

タップを2回繰り返す操作です。各種アプリを起動したり、ファイルやフォルダーなどを開く際に使用します。マウスでのダブルクリックに当たります。

●ホールド

画面に触れたまま長押しする操作です。詳細情報を表示するほか、状況に応じたメニューが開きます。マウスでの右クリックに当たります。

●ドラッグ

操作対象をホールドしたまま、画面の上を指でなぞり上下左右に移動します。目的の操作が完了したら、画面から指を離します。

●スワイプ／スライド

画面の上を指でなぞる操作です。ページのスクロールなどで使用します。

●フリック

画面を指で軽く払う操作です。スワイプと混同しやすいので注意しましょう。

●ピンチ／ストレッチ

2本の指で対象に触れたまま指を広げたり狭めたりする操作です。拡大（ストレッチ）／縮小（ピンチ）が行えます。

●回転

2本の指先を対象の上に置き、そのまま両方の指で同時に右または左方向に回転させる操作です。

サンプルファイルのダウンロード

本書で使用しているサンプルファイルは、以下のURLのサポートページからダウンロードすることができます。ダウンロードしたときは圧縮ファイルの状態なので、展開してから使用してください。

https://gihyo.jp/book/2024/978-4-297-14109-7/support

サンプルファイルをダウンロードする

1 ブラウザー（ここでは Microsoft Edge）を起動します。

← C ⌂ ⬭ https://**gihyo.jp**/book/2024/978-4-297-14109-7/support

2 ここをクリックして URL を入力し、Enter を押します。

3 表示された画面をスクロールし、[ダウンロード] にある [miniWord& Excel_kihon&benri_sample.zip] をクリックします。

（2024年2月27日更新）　　書籍直接販売はこちら
企業／学校法人様向け献本・一括購入申込も対応いた

ダウンロード

miniWord&Excel_kihon&benri_sample.zip

4 [ファイルを開く] をクリックします。

問い合わせ　・会社案内　検索したい用語を入力

ダウンロード

miniWord&Excel_kihon&benri_sample.zip
ファイルを開く
もっと見る

・直販　・電子

ダウンロードした圧縮ファイルを展開する

1 エクスプローラーの画面が開くので、

2 表示されたフォルダーをクリックし、デスクトップにドラッグします。

3 展開されたフォルダーをダブルクリックすると、

4 各編のフォルダーが表示されます。

5 各編のフォルダーをダブルクリックすると、各章のフォルダーが表示されます。

Memo

保護ビューが表示された場合

サンプルファイルを開くと、図のようなメッセージが表示されます。［編集を有効にする］をクリックすると、本書と同様の画面表示になり、操作を行うことができます。

ここをクリックします。

編集を有効にする(E)

Contents

基本編

Word 編

Chapter 1 文字入力と編集をしよう

Chapter **2** 書式と文字の配置を設定しよう

Chapter 3 図形や画像の挿入と表を作成しよう

Chapter 4 便利な機能を活用しよう

Excel 編

Chapter 1　表を作成しよう

Chapter 2 文字とセルの書式を設定しよう

Chapter **3** 数式や関数を利用しよう

Chapter 4 グラフを利用しよう

Chapter **5** 表とグラフを印刷しよう

基本編

Chapter

0

Word／Excelの基本操作を覚えよう

アプリを起動しよう

Word ／ Excel を起動するには、Windows 11 の［スタート］から［Word］／［Excel］をクリックします。アプリが起動するとスタート画面が開きます。スタート画面で目的の操作を選択します。

1 アプリを起動して新規文書を開こう

1 Windows 11 を起動して、

2 ［スタート］をクリックすると、

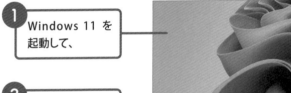

3 スタートメニューが表示されます。

4 ［Word］をクリックします。

画面例は Word を利用します

⑤ Word が起動して、スタート画面が開きます。

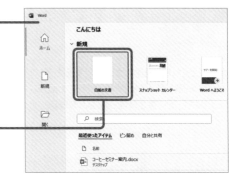

⑥ [白紙の文書]（Excel は［空白のブック]）をクリックすると、

⑦ 新しい文書が作成されます。

Memo

スタートメニューにない場合

スタートメニューに [Word] ／ [Excel] が表示されていない場合は、スタートメニューの [すべてのアプリ] をクリックして、[Word] ／ [Excel] をクリックします。

2 アプリを終了しよう

画面右上の [閉じる] をクリックするとアプリが終了します。複数の文書（ブック）を開いている場合は、すべての画面を閉じます。アプリを終了する際は、作成した文書を保存したことを確認しましょう。

1 Wordを終了しよう

終了の方法を覚えましょう！

1 [閉じる] をクリックすると、

2 Word 2021 が終了して、デスクトップ画面が表示されます。

Memo

複数の文書／ブックを開いている場合

ここでの操作を行うと、クリックしたウィンドウだけが閉じます。終了するには、すべてのウィンドウを閉じます。

ファイルを保存していない場合

作業中のウィンドウを保存しないで終了しようとすると、下図が表示されます。保存する場合は、ファイル名を入力して保存場所を指定し、[保存] をクリックします。なお、左下の [その他のオプション] をクリックすると、[名前を付けて保存] ダイアログボックスが表示されます（47 ページ参照）。

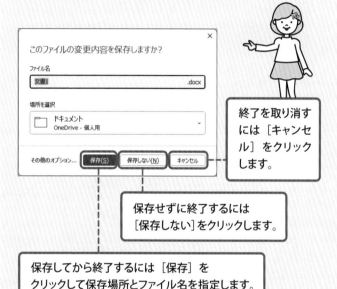

終了を取り消すには [キャンセル] をクリックします。

保存せずに終了するには [保存しない] をクリックします。

保存してから終了するには [保存] をクリックして保存場所とファイル名を指定します。

一度保存したファイルを開いて編集したあと、保存しないで終了しようとした場合は、下図が表示されます。

> Microsoft Word   ×
>
> ⚠ コーヒーセミナー案内.docx に対する変更を保存しますか？
>   [保存しない] をクリックした場合でも、このファイルの最新のコピーが一時的に保存されます。
>   詳細を表示
>
>   保存(S)   保存しない(N)   キャンセル

タスクバーにアイコンを登録 してかんたんに起動しよう

タスクバーにアプリ（Word / Excel）のアイコンを登録しておくと、クリックするだけで、アプリをすばやく起動できます。タスクバーに登録したアイコンが不要になった場合は、いつでもピン留めを外すことができます。

タスクバーにピン留めしよう

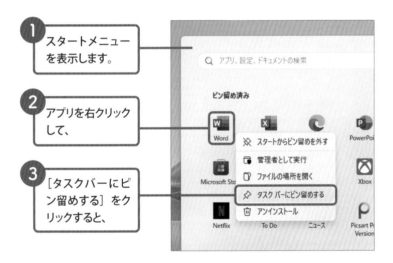

1 スタートメニューを表示します。

2 アプリを右クリックして、

3 [タスクバーにピン留めする] をクリックすると、

4 タスクバーにアプリのアイコンが登録されます。

2 タスクバーからピン留めを外そう

1 アプリを終了します。

2 アプリのアイコンを右クリックして、

3 [タスクバーからピン留めを外す]をクリックします。

4 ピン留めが解除されます。

Hint

起動したアプリのアイコンから登録する

Word ／ Excel を起動すると、タスクバーに Word ／ Excel のアイコンが表示されます。このアイコンを右クリックし、[タスクバーにピン留めする]をクリックします。

新しいファイルを作成しよう

アプリの起動時に表示される画面で Word は［白紙の文書］、Excel は［空白のブック］をクリックすると、ファイルを作成できます。ファイルを開いている場合は、［ファイル］タブの［ホーム］あるいは［新規］から実行します。

1 ファイルを新規に作成しよう

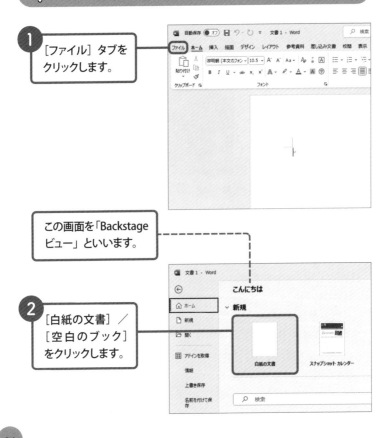

1　［ファイル］タブをクリックします。

この画面を「Backstage ビュー」といいます。

2　［白紙の文書］／［空白のブック］をクリックします。

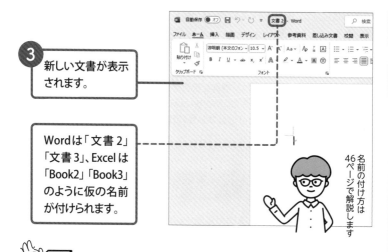

③ 新しい文書が表示
されます。

Wordは「文書2」
「文書3」、Excelは
「Book2」「Book3」
のように仮の名前
が付けられます。

名前の付け方は
46ページで解説します

テンプレートを利用してファイルを作成する

34ページの手順②の［ホーム］画面、あるいは［新規］をクリックして表示される［新規］画面には、テンプレートが用意されています。「テンプレート」とは、文書を作成する際にひな形となるファイルのことです。表示されるテンプレートのほか、［検索の候補］あるいは［オンラインテンプレートの検索］ボックスにキーワードを入力して検索して探すことができます。

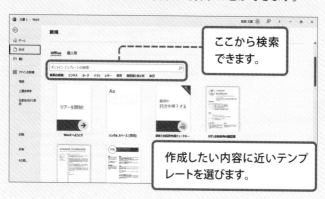

ここから検索
できます。

作成したい内容に近いテンプ
レートを選びます。

Word／Excelの画面構成を知ろう

Word／Excel 2021 の画面は、機能を表示するタブと、各タブにあるコマンドで構成されています。さらに、Word には用途に合わせた画面の表示モードが用意されています。Excel ではブックの仕組みも確認しておきましょう。

1 Word 2021の画面構成を知ろう

Word の基本的な作業は、下図の画面で行います。初期設定では、11 個のタブが用意されています。パソコンの画面の解像度や Word 画面のサイズによって、リボンに表示されるコマンドの内容が異なります。

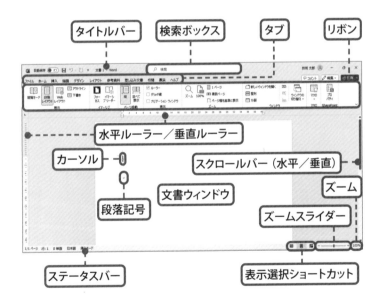

タイトルバー　検索ボックス　タブ　リボン

水平ルーラー／垂直ルーラー

カーソル

スクロールバー（水平／垂直）

ズーム

文書ウィンドウ

段落記号

ズームスライダー

ステータスバー　表示選択ショートカット

※水平ルーラー／垂直ルーラーは初期設定では表示されません。[表示]タブの[ルーラー]をオンにすると表示されます。

5つの表示モード

Wordには、最初に表示される画面で印刷結果に近い表示の［印刷レイアウト］のほかに以下の表示モードが用意されています。切り替えるには［表示］タブのコマンドをクリックします。

●印刷レイアウト

●閲覧モード

電子書籍を読む感覚で表示されます。

●Webレイアウト

Webページのレイアウトで表示されます。

●アウトライン

文書の階層構造が見やすいように表示されます。

●下書き

本文だけが表示されます。

2 Excel 2021の画面構成を知ろう

Excelの基本的な作業は、下図の画面で行います。初期設定では、10個（タッチ非対応パソコンでは9個）のタブが用意されています。パソコンの画面の解像度やExcel画面のサイズによって、リボンに表示されるコマンドの内容が異なります。

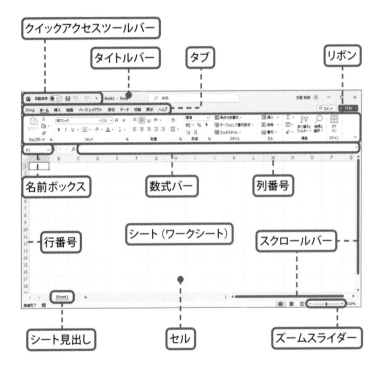

※［描画］タブは、お使いのパソコンによって初期設定では表示されない場合があります。［Excelのオプション］ダイアログボックスの［リボンのユーザー設定］で［描画］をオンにすると表示されます。

Hint ブックの仕組み

「ブック」は、1つあるいは複数のシートから構成された Excel の文書のことです。1つのブックが1つのファイルになります。「シート」は、Excel でさまざまな作業を行うためのスペースのことです。「ワークシート」とも呼ばれます。

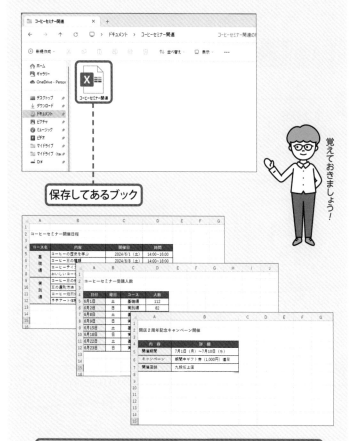

保存してあるブック

覚えておきましょう！

ブックは、1つあるいは複数のシートから構成されています。

リボンの使い方を
マスターしよう

Word ／ Excel では、ほとんどの編集操作をリボンタブのコマンドで実行します。リボンは、作業に応じてタブを切り替えて使用しますが、リボンを折りたたんで、必要なときだけ表示させることもできます。

1 リボンを操作しよう

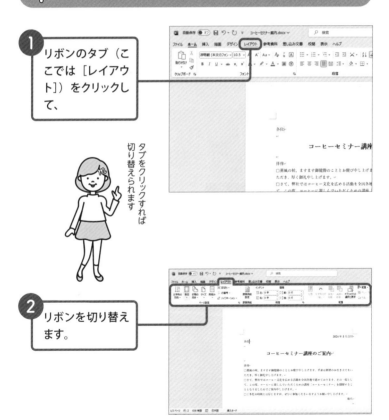

1 リボンのタブ（ここでは［レイアウト］）をクリックして、

タブをクリックすれば切り替えられます

2 リボンを切り替えます。

③ 目的のコマンド（ここでは［余白］）をクリックします。

④ ドロップダウンメニューが表示されたときは、

⑤ 目的の機能をクリックします。

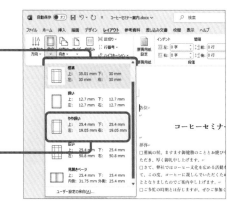

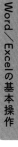

Memo

必要に応じたタブが表示される

Word 2021 の初期設定では 11 個、Excel では 10 個（もしくは 9 個）のタブが配置されています。そのほかのタブは、作業に応じて必要なタブが表示されます。たとえば、挿入した画像を選択すると、［図の形式］タブが表示されます。

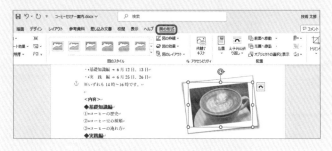

2 リボンの表示／非表示を切り替えよう

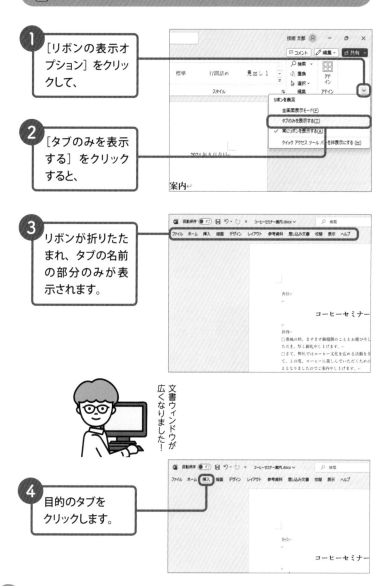

1 [リボンの表示オプション]をクリックして、

2 [タブのみを表示する]をクリックすると、

リボンを表示
全画面表示モード(F)
タブのみを表示する(T)
✓ 常にリボンを表示する(A)
クイック アクセス ツール バーを非表示にする (H)

3 リボンが折りたたまれ、タブの名前の部分のみが表示されます。

文書ウィンドウが広くなりました！

4 目的のタブをクリックします。

5 リボンが一時的に表示され、クリックしたタブの内容が表示されます。

コマンドをクリックすると、もとのタブのみの表示になります。

6 [リボンの表示オプション] をクリックして、

7 [常にリボンを表示する] をクリックすると、

8 リボンが常に表示された状態になります。

7 操作をもとに戻そう／やり直そう

誤って文字を削除したり、書式を変更したりといった編集操作を行ったあとでも、操作をもとに戻すことができます。直前の操作だけでなく、複数の操作をまとめてもとに戻すことができ、操作をやり直すこともできます。

1 操作をもとに戻そう

1 誤って文字（開催の「催」）を削除してしまいました。

2 ［元に戻す］をクリックすると、

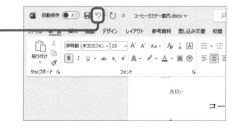

3 直前に行った操作（文字の削除）が取り消され、文字が戻ります。

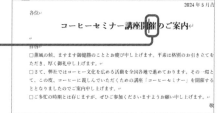

2 操作をやり直そう

1 前ページのように、直前の操作をもとに戻します。

2 [やり直し] をクリックすると、

もとに戻す操作をすると、
[やり直し] が表示されます

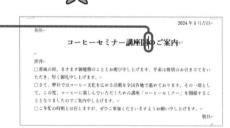

3 取り消した操作がやり直され、文字が削除されます。

2024年5月吉日

各位

コーヒーセミナー講座のご案内

拝啓
□薫風の候、ますます御健勝のこととお慶び申し上げます。平素は格別のお引き立てをいただき、厚く御礼申し上げます。
□さて、弊社ではコーヒー文化を広める活動を全国各地で進めております。その一環として、この度、コーヒーに親しんでいただくための講座「コーヒーセミナー」を開催することとなりましたのでご案内申し上げます。
□ご多忙の時期とは存じますが、ぜひご参加くださいますようお願い申し上げます。

敬具

Hint 複数の操作をもとに戻す／やり直す

複数の操作をまとめて取り消すには、[元に戻す] のをクリックして、一覧から戻りたい操作をクリックします。[やり直し] は戻したい分だけクリックします。

Section

8 ファイルを保存しよう

文書やブックの保存には、新規に名前を付けて保存する「名前を付けて保存」と、保存したファイルを編集後に名前を変更せずに内容を更新する「上書き保存」があります。保存する際は、保存場所を先に指定します。

1 名前を付けて保存しよう

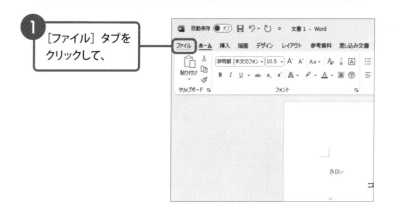

1 [ファイル] タブをクリックして、

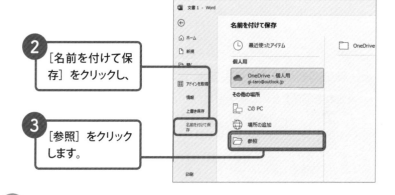

2 [名前を付けて保存] をクリックし、

3 [参照] をクリックします。

4 保存する保存場所（フォルダー）を指定して、

5 ファイル名を入力し、

6 [保存] をクリックします。

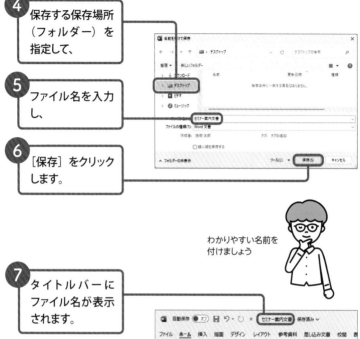

わかりやすい名前を付けましょう

7 タイトルバーにファイル名が表示されます。

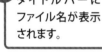

Hint

保存先フォルダーの追加

[名前を付けて保存] ダイアログボックスで保存先を作成したい場合は、[新しいフォルダー] をクリックして、フォルダー名を指定し、そのフォルダーの中に保存されるようにします。

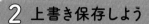

2 上書き保存しよう

忘れずに保存しましょう

ここをクリックしても上書き保存できます。

1 既存のファイルを開き、編集後に[ファイル]タブをクリックします。

2 [上書き保存]をクリックすると、

3 編集内容が上書きされて、もとのファイル名で保存されます。

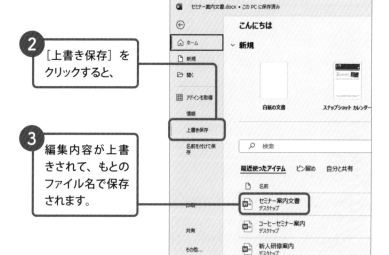

PDF 形式で保存する

Word ／ Excel で作成した文書は、PDF 形式で保存することができます。PDF 形式にすると、レイアウトや書式、画像などがそのまま維持されるため、パソコンの環境に依存せずに、同じ見た目で文書を表示することができます。

PDF 形式にするには、[名前を付けて保存] ダイアログボックスでファイルの種類を「PDF」にして保存する方法と、[ファイル] タブの [エクスポート] で [PDF/XPS ドキュメントの作成] → [PDF/XPS の作成] をクリックし、発行（保存）する方法があります。

● [名前を付けて保存] ダイアログボックスを利用する

● エクスポートを利用する

保存したファイルを
閉じよう

編集作業が終了してファイルを保存したら、[ファイル]タブの[閉じる]をクリックしてファイルを閉じます。ファイルを閉じてもアプリ自体は終了しないので、新規の作成やファイルを開くことができます。

ファイルを閉じよう

1 [ファイル]タブをクリックして、

アプリを終了せずにファイルを閉じる方法です

2 [閉じる]をクリックします(次ページの Memo 参照)。

③ 作業中の文書が閉じて、何もない画面になります。

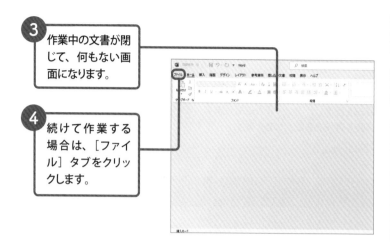

④ 続けて作業する場合は、［ファイル］タブをクリックします。

Memo

［閉じる］が見えない場合

画面サイズによっては手順②の［閉じる］が表示されない場合があります。［その他］をクリックして、残りのメニューを表示させます。

Hint

ファイルを複数開いている場合

手順③の画面は1つのファイル（文書）を開いていたときの結果です。複数のファイルを開いている場合は、ほかのファイルが表示されます。

保存したファイルを開こう

保存したファイルを開くには、[ファイルを開く]ダイアログボックスで保存先を指定し、ファイルを選択します。また、最近使ったアイテムからファイルを選択することもできます。

1 ファイルを開こう

1 [ファイル]タブをクリックして、

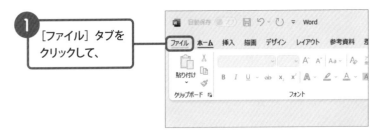

2 [開く]をクリックし、

3 [参照]をクリックします。

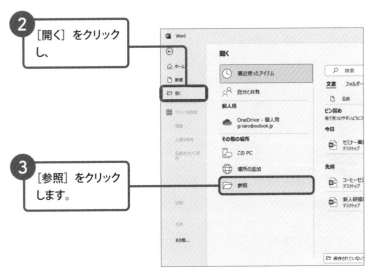

4 ファイルが保存されているフォルダーを指定して、

5 目的のファイルをクリックします。

6 [開く] をクリックすると、

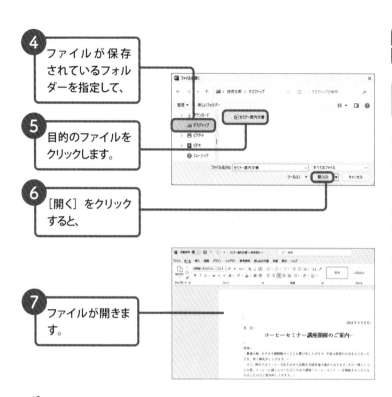

7 ファイルが開きます。

2024年5月吉日

各 位

コーヒーセミナー講座開催のご案内

拝啓

暴風の候、ますますご清祥のこととお慶び申し上げます。平素は格別のお引き立てをいただき、厚く御礼申し上げます。

さて、弊社ではコーヒー文化を広める活動を全国各地で進めております。その一環として、この度、コーヒーに親しんでいただくための講座「コーヒーセミナー」を開催することとなりましたのでご案内し上げます。

Hint 最近使ったファイルを開く

前ページ手順❷の [開く] (あるいは [ホーム]) にある「最近使ったアイテム」には、直近に開いたファイルが表示されます (設定によっては非表示の場合もあります)。この中から目的のファイルをクリックすると、すばやく開くことができます。

文書を印刷しよう

印刷をするときは印刷プレビューで実際の印刷イメージを確認すると、印刷ミスを防ぐことができます。印刷する範囲や部数を設定して、印刷を実行しましょう。事前に、プリンターの電源と用紙を確認します。

1 印刷イメージを確認しよう

1 [ファイル] タブをクリックします。

2 [印刷] をクリックすると、

3 [印刷] 画面に切り替わり、印刷プレビューが表示されます。

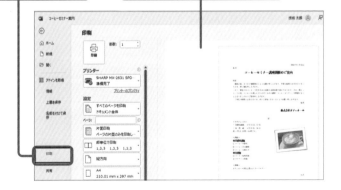

2 設定を確認して印刷しよう

1 [印刷] 画面でプリンターを指定して、

2 印刷の設定を確認します。

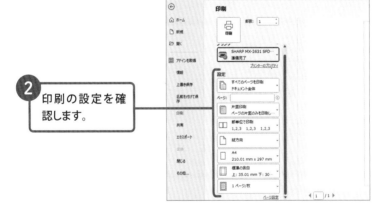

3 部数を指定して、

4 [印刷] をクリックします。

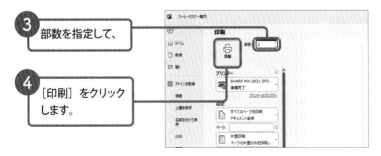

さまざまな印刷方法

必要な部分やページを印刷する、両面印刷するなどの印刷が可能です。部分印刷は、文書の範囲を選択してから［印刷］画面で［選択した部分を印刷］を指定します。印刷したいページ範囲は数値で指定します。

また、両面印刷は綴じの長辺、短辺を選択します。プリンターが両面印刷に対応していない場合は、［手動で両面印刷］を選び、裏面の印刷は用紙をセットし直します。

● 範囲を指定して印刷する

1 印刷範囲を選択して、

2 ［選択した部分を印刷］を指定します。

● 両面印刷する

1 ［片面印刷］をクリックして、

2 いずれかを選択します。

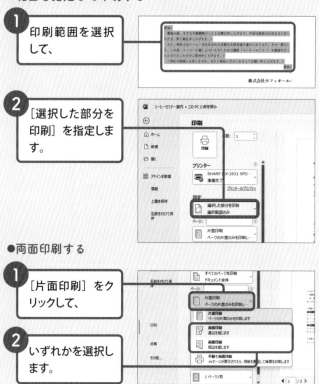

Word編

Chapter
1

文字入力と
編集をしよう

文字入力の
方法を知ろう

文字入力には日本語入力と英数字入力があり、日本語入力では「ローマ字入力」または「かな入力」を使用します。さらに、英数字／ひらがなを入力するために入力モードを切り替えます。本書ではローマ字入力で解説します。

ローマ字入力をかな入力に切り替えよう

ローマ字入力を
使う場合、
この設定は
不要です

1 入力モードのアイコンを右クリックして、

- あ ひらがな
- カ 全角カタカナ
- A 全角英数字
- ｶ 半角カタカナ
- A 半角英数字

- 単語の追加
- IME パッド
- 誤変換レポート

- かな入力 (オフ)

- プライベート モード (オフ)
- IME ツール バー (オフ)
- ⚙ 設定
- ℗ フィードバックの送信

2 [かな入力(オフ)]をクリックすると、かな入力がオンになります。

② 入力モードを切り替えよう

1 入力モードのアイコンを右クリックして、

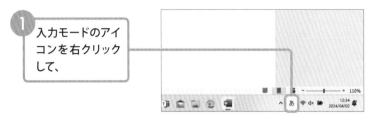

2 5つの入力モードのいずれかをクリックします。

日本語を入力するには[ひらがな]入力モードにします

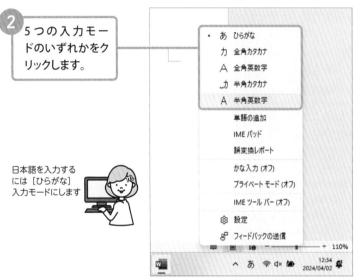

- あ ひらがな
- カ 全角カタカナ
- A 全角英数字
- ｶ 半角カタカナ
- A 半角英数字

単語の追加

IME パッド

誤変換レポート

かな入力 (オフ)

プライベート モード (オフ)

IME ツール バー (オフ)

⚙ 設定

ℰ フィードバックの送信

Memo

日本語入力モードと半角英数字入力モードの切り替え

入力モードを[ひらがな]あにすると日本語（ひらがなから漢字やカタカナに変換）が入力できます。[半角英数字]Aにすると半角英数字を直接入力できます。入力モードのアイコンをクリックするたびにモードが切り替わります。

日本語を入力しよう

日本語を入力するには［ひらがな］入力モードにして、入力したい文字の「読み」としてひらがなを入力します。漢字やカタカナにする場合は、読みのひらがなを変換します。カタカナはファンクションキーも利用できます。

1 ひらがなを入力しよう

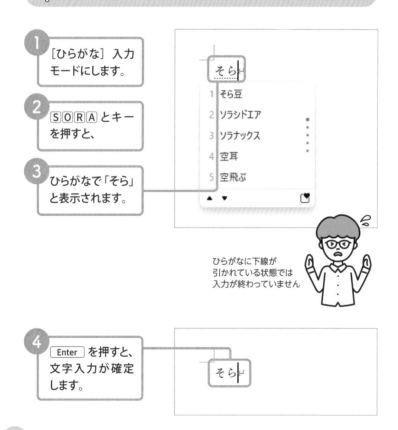

1 ［ひらがな］入力モードにします。

2 S O R A とキーを押すと、

3 ひらがなで「そら」と表示されます。

そら

1 そら豆
2 ソラシドエア
3 ソラナックス
4 空耳
5 空飛ぶ

ひらがなに下線が
引かれている状態では
入力が終わっていません

4 Enter を押すと、文字入力が確定します。

そら

② カタカナを入力しよう

1 [ひらがな] 入力モードにします。

2 S U K A I とキーを押します。

3 「すかい」と表示されたら、Space を押すと、

すかい

1 スカイ
2 スカイプ
3 Skype
4 スカイツリー
5 スカイマーク

ひらがなに下線が引かれている状態でSpace を押すと、変換できます

4 「スカイ」とカタカナに変換されます。

スカイ

5 Enter を押すと、文字入力が確定します。

スカイ

ファンクションキーを利用する

一般的にカタカナで表示される文字は、Space を押すと読みのひらがなからカタカナに変換できます。しかし、通常使わない独自のカタカナは、変換候補には表示されません。こういう場合は、ファンクションキーを利用します。読みを入力してF7 を押すと全角カタカナに、F8 を押すと半角カタカナに変換されます。

なおノートPCでは、ファンクションキーが割り当てられていない場合があります。F7 で変換されないときは、Fn ＋F7 を押します。

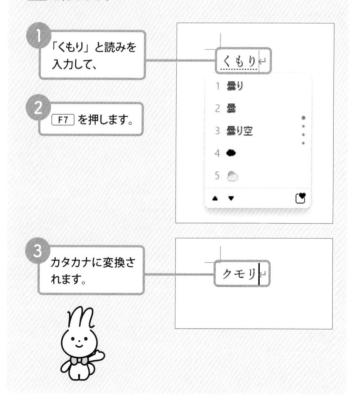

1 「くもり」と読みを入力して、

くもり↵

2 F7 を押します。

1 曇り
2 曇
3 曇り空
4 ☁
5 ☁

▲ ▼

3 カタカナに変換されます。

クモリ↵

③ 漢字を入力しよう

ここでは
「辞典」に
変換します

1 [ひらがな] 入力
モードにします。

2 JITENN と
キーを押して、

じてん

1 事典
2 時点
3 辞典
4 自転車
5 時点で

▲ ▼ 　🤍

3 Space を押すと、

4 漢字に変換され
ます。

事典

5 目的の漢字では
ない場合は、再
度 Space を押し
ます。

読みを入力中に表示される
候補からも選択できます。
64 ページの Hint を参照して
ください

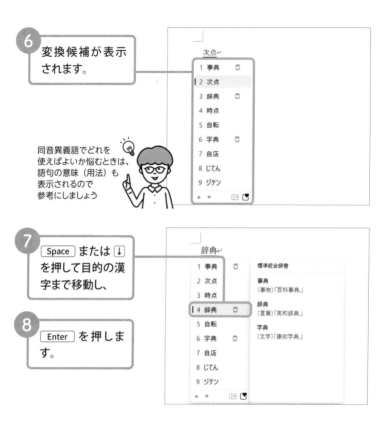

6 変換候補が表示されます。

同音異義語でどれを使えばよいか悩むときは、語句の意味（用法）も表示されるので参考にしましょう

7 Space または ↓ を押して目的の漢字まで移動し、

8 Enter を押します。

9 「辞典」と入力されます。

Hint

入力時の候補から選択する

読みを入力し始めると、変換候補が表示されます。目的の漢字があれば、↓ を押して移動し、Enter を押すと入力できます。このとき Space は使いません。

④ 漢字を再変換しよう

1 確定した漢字を選択します。

明日 桔梗 する。↵

2 変換 を押すと、

3 変換候補が表示されます。

明日 帰京 する。↵

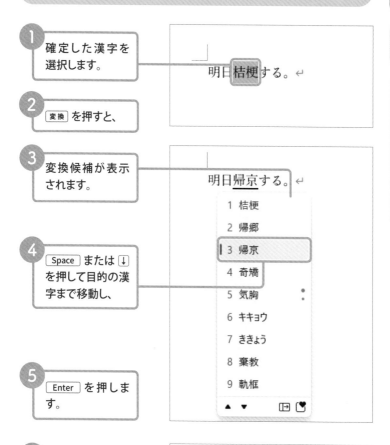

1 桔梗
2 帰郷
3 帰京
4 奇矯
5 気胸
6 キキョウ
7 ききょう
8 棄教
9 軌框

▲ ▼ ⊞ ♥

4 Space または ↓ を押して目的の漢字まで移動し、

5 Enter を押します。

6 漢字が変換されます。

明日 帰京 する。↵

再変換すれば、
入力し直さなくて
済むので便利ですね

65

アルファベットを
入力しよう

アルファベットを入力するには、入力モードを［半角英数字］にします。ただし、［ひらがな］入力モードでも英字に変換できます。和欧文が混じった文章など、入力モードを切り替えずに済むため、スムーズに入力できます。

⌐ ［半角英数字］入力モードで入力しよう

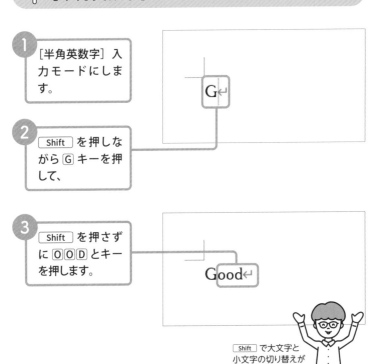

1 ［半角英数字］入力モードにします。

2 Shift を押しながら G キーを押して、

3 Shift を押さずに O O D とキーを押します。

Shift で大文字と小文字の切り替えができます

④ Space を押して、

Good·↵

⑤ 半角スペースを
入力します。

⑥ L U C K . と
キーを押すと、

Good·luck.↵

⑦ 「luck.」が入力で
きます。

入力する文字によって
キーを使い分けましょう

Hint
大文字の英字を連続で入力する

大文字入力が続く場合は、 Shift + Caps を押して、大文字入
力の状態にするとよいでしょう。英字キーを押すと大文字が
入力されます。この状態のときに、小文字を入力するには、
Shift を押しながら英字キーを押します。もとに戻すには、
再度 Shift + Caps を押します。

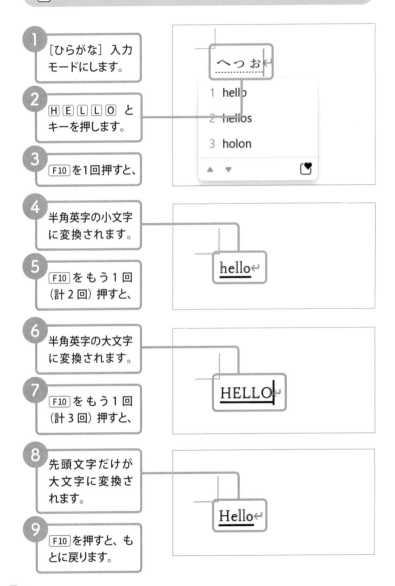

② ［ひらがな］入力モードで入力しよう

1 ［ひらがな］入力モードにします。

へつ お

1 hello
2 hellos
3 holon

2 H E L L O とキーを押します。

3 F10 を1回押すと、

4 半角英字の小文字に変換されます。

hello↵

5 F10 をもう1回（計2回）押すと、

6 半角英字の大文字に変換されます。

HELLO↵

7 F10 をもう1回（計3回）押すと、

8 先頭文字だけが大文字に変換されます。

Hello↵

9 F10 を押すと、もとに戻ります。

1 文字目を大文字にしない

Word の初期設定では、[ひらがな] 入力モードで英字を変換すると、先頭文字が自動的に大文字で入力されるように設定されています。入力時に大文字と小文字を使い分けたい場合は、[ファイル] タブの（[その他] →）[オプション] をクリックして、表示される [Word のオプション] 画面で設定を解除しておきましょう。

1 [文章校正] を
クリックして、

2 [オートコレクトのオプション]
をクリックします。

3 [オートコレクト] タブのここ
をクリックしてオフにし、

4 各画面の [OK] を
クリックします。

文字入力と編集

4 記号を入力しよう

キーボードにある # や % などの記号を入力するには、 Shift を押しながら
記号キーを押します。そのほかの記号は読みを入力して変換します。また、
○付きの数字は［ひらがな］入力モードで入力した数字を変換します。

1 記号の読みから入力しよう

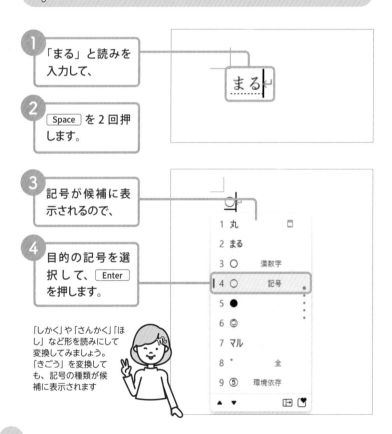

1 「まる」と読みを
入力して、

まる

2 Space を2回押
します。

3 記号が候補に表
示されるので、

4 目的の記号を選
択して、 Enter
を押します。

```
1 丸
2 まる
3 ○    漢数字
4 ○    記号
5 ●
6 ◎
7 マル
8 °     全
9 ⑤    環境依存
```

「しかく」や「さんかく」「ほ
し」など形を読みにして
変換してみましょう。
「きごう」を変換して
も、記号の種類が候
補に表示されます

② ○付き数字を入力しよう

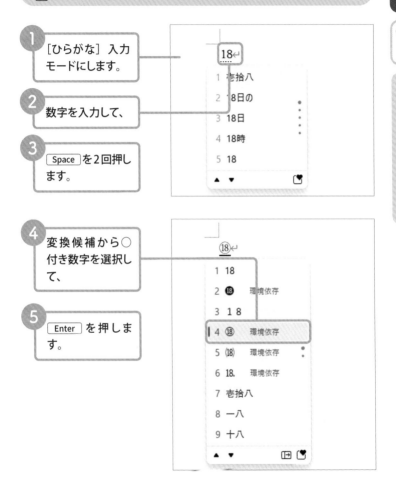

1 [ひらがな] 入力モードにします。

2 数字を入力して、

```
18↵
1 壱拾八
2 18日の
3 18日
4 18時
5 18
```

3 Space を2回押します。

4 変換候補から○付き数字を選択して、

```
⑱↵
1 18
2 ⑱        環境依存
3 1 8
4 ⑱        環境依存
5 ⒅        環境依存
6 18.       環境依存
7 壱拾八
8 一八
9 十八
```

5 Enter を押します。

○付き数字の入力

○付き数字に変換できるのは、「50」までの数字です。

文字や行を選択しよう

文書を作成していると、同じ文字をコピーして使いたい、文字列や文章をほかの場所に移動したいという場面が出てきます。コピーや移動などの操作をする場合、事前に対象部分を選択しておく必要があります。

数文字を選択しよう

1 選択する文字の先頭（左）をクリックして、

フラワーアレンジメント講座の

春暖の候、ますますご健勝のこととお慶び申し上げま
センターの活動にご協力をいただきありがとうござい
この度、「フラワーアレンジメント講座」を開設する
講座は、季節の花に囲まれながら、地域の皆様と楽しく
ています。

2 そのままドラッグします。

3 マウスのボタンを離すと、文字が選択されます。

フラワーアレンジメント講座の

春暖の候、ますますご健勝のこととお慶び申し上げま
センターの活動にご協力をいただきありがとうござい
この度、「フラワーアレンジメント講座」を開設する
講座は、季節の花に囲まれながら、地域の皆様と楽しく
ています。

Hint

単語を選択する

単語の上をダブルクリックすると、単語だけを選択できます。

② 行を選択しよう

1 行の左側にマウスポインターを移動して、

みなさまへ

2024 年 4 月 5 日

フラワーアレンジメント講座のご案内

春暖の候、ますますご健勝のこととお慶び申し上げます。日頃はコミュニティ
センターの活動にご協力をいただきありがとうございます。

この度、「フラワーアレンジメント講座」を開設することとなりました。この
講座は、季節の花に囲まれながら、地域の皆様と楽しく交流することを目的にし
ています。

初めての方大歓迎です。ぜひお気軽にご参加ください。

2 この形になったらクリックします。

3 行が選択されます。

みなさまへ

2024 年 4 月 5 日

フラワーアレンジメント講座のご案内

春暖の候、ますますご健勝のこととお慶び申し上げます。日頃はコミュニティ
センターの活動にご協力をいただきありがとうございます。

この度、「フラワーアレンジメント講座」を開設することとなりました。この
講座は、季節の花に囲まれながら、地域の皆様と楽しく交流することを目的にし
ています。

初めての方大歓迎です。ぜひお気軽にご参加ください。

4 そのまま下にドラッグすると、

5 複数行が選択されます。

みなさまへ

2024 年 4 月 5 日

フラワーアレンジメント講座のご案内

春暖の候、ますますご健勝のこととお慶び申し上げます。日頃はコミュニティ
センターの活動にご協力をいただきありがとうございます。

この度、「フラワーアレンジメント講座」を開設することとなりました。この
講座は、季節の花に囲まれながら、地域の皆様と楽しく交流することを目的にし
ています。

初めての方大歓迎です。ぜひお気軽にご参加ください。

Hint 複数の場所を選択する

文字（行）を選択して、Ctrl を押したままほかの文字（行）を
選択すると、同時に複数の箇所を選択できます。Ctrl を押した
ままの状態なら、いくつでも選択が可能です。

文字を挿入しよう／削除しよう／上書きしよう

入力した文章を修正するために、文字を挿入したり、削除したりすることはよくあることです。また、文字列を別の文字に書き換えたい場合には上書きという方法もあります。

1 文字列内に文字を挿入しよう

1 文字を挿入したい位置をクリックします。

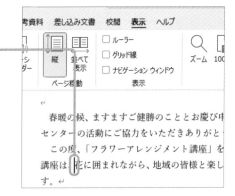

2 文字を入力、変換すると、

3 文字が挿入されます。

挿入モードと上書きモード

Wordには、文字入力に対して「挿入モード」と「上書きモード」が用意されています。通常使っている「挿入モード」は、すでにある文章内に文字を入力すると、右側にあった文字がずれていきます。「上書きモード」にすると、カーソル位置で入力した文字がもとの文字と置き換わります。

2つのモードは、Insert を押すと切り替わります。また、ステータスバーを右クリックして［上書き入力］をクリックすると、タスクバーに現在のモードが表示され、確認することができます。この「挿入モード」／「上書きモード」をクリックしても切り替えられます。

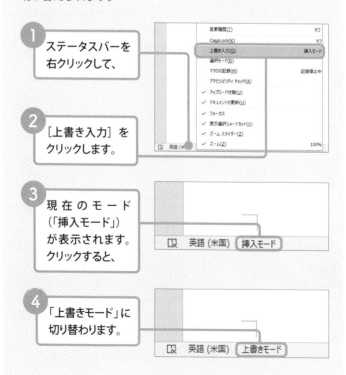

1 ステータスバーを右クリックして、

変更履歴(T)	オフ
CapsLock(K)	オフ
上書き入力(O)	挿入モード
選択モード(D)	
マクロの記録(M)	記録停止中
アクセシビリティ チェック(A)	
✓ アップロード状態(U)	
✓ ドキュメントの更新(U)	
✓ フォーカス	
✓ 表示選択ショートカット(V)	
✓ ズーム スライダー(Z)	
✓ ズーム(Z)	100%

英語 (米

2 ［上書き入力］をクリックします。

3 現在のモード（「挿入モード」）が表示されます。クリックすると、

英語 (米国) 挿入モード

4 「上書きモード」に切り替わります。

英語 (米国) 上書きモード

2 文字を削除しよう

1 削除する文字の前（左側）にカーソルを移動します。

　春暖の候、ますますご健勝のこととお慶び申
センターの活動にご協力をいただきありがと
　この度、「フラワーアレンジメント講座」を
講座は、季節の花に囲まれながら、地|域の皆様
ています。↵
　初めての方大歓迎です。ぜひお気軽にご参加
↵

2 [Delete] を 1 回押すと、

3 カーソルの右側の文字が削除されます。

　春暖の候、ますますご健勝のこととお慶び申
センターの活動にご協力をいただきありがと
　この度、「フラワーアレンジメント講座」を
講座は、季節の花に囲まれながら、地|の皆様と
います。↵
　初めての方大歓迎です。ぜひお気軽にご参
↵

4 そのまま [Back space] を押すと、

5 カーソルの左側の文字が削除されます。

　春暖の候、ますますご健勝のこととお慶び申
センターの活動にご協力をいただきありがと
　この度、「フラワーアレンジメント講座」を
講座は、季節の花に囲まれながら、|の皆様と楽
ます。↵

Memo

削除文字数が多い場合

1 行や 1 段落など削除する文字が多い場合、キーを何度も押すのは面倒です。削除する範囲を選択して（72 ページ参照）、[Delete] または [Back space] を押して一気に削除しましょう。

③ 文字を上書きしよう

1 入力済みの文字列を選択して、

春暖の候、ますますご健勝のこととお慶び申
センターの活動にご協力をいただきありがと
この度、「フラワーアレンジメント講座」を
講座は、季節の花に囲まれながら、地域の皆様
ています。↵
初めての方 大歓迎です。ぜひお気軽にご参加
↵

2 別の文字を入力、変換します。

春暖の候、ますますご健勝のこととお慶び申
センターの活動にご協力をいただきありがと
この度、「フラワーアレンジメント講座」を
講座は、季節の花に囲まれながら、地域の皆様
ています。↵
かんしんのあるかたならどなたでも 大歓迎
　1　関心のある方ならどなたでも
▲　▼　　　　　　　　　　　　　　　　　♥

3 選択した文字と置き換わります。

春暖の候、ますますご健勝のこととお慶び申
センターの活動にご協力をいただきありがと
この度、「フラワーアレンジメント講座」を
講座は、季節の花に囲まれながら、地域の皆様
ています。↵
関心のある方ならどなたでも 大歓迎です。↵
↵

削除と入力が
一度にできますね

文字列をコピーしよう／移動しよう

同じ文字列を繰り返したり、ほかの場所に挿入したりすることを「コピーする」といいます。また、文字列を切り取ってほかの場所に挿入することを「移動する」といいます。コピーや切り取られた文字列は繰り返し利用できます。

1 文字列をコピーしよう

1 文字列を選択して、

> フラワーアレンジメント講座のご案内
>
> 春暖の候、ますますご健勝のこととお慶び申し上
> ンターの活動にご協力をいただきありがとうご
> この度、

2 [ホーム] タブの [コピー] をクリックします。

3 コピーしたい場所にカーソルを移動します。

> フラワーアレンジメント講座のご案内
>
> 春暖の候、ますますご健勝のこととお慶び申し上
> ンターの活動にご協力をいただきありがとうご
> この度、

④ [ホーム] タブの
[貼り付け] の
上部分をクリック
すると、

⑤ 文字列がコピー
されます。

フラワーアレンジメント講座のご案内↵

春暖の候、ますますご健勝のこととお慶び申し上
ンターの活動にご協力をいただきありがとうご
この度、フラワーアレンジメント講座

コピーや移動の操作は
ショートカットキーを利用
できます。詳しくは 81
ページを参照ください

② 文字列を移動しよう

① 文字列を選択し
て、

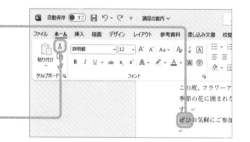

② [ホーム] タブの
[切り取り] をク
リックします。

③ 移動したい場所
にカーソルを移動
します。

この度、フラワーアレンジメント講座を開設す
季節の花に囲まれながら、地域の皆様と楽し
す。↵
お気軽に参加ください。↵
↵

4 ［ホーム］タブの
［貼り付け］の上
部分をクリックす
ると、

5 文字列が移動しま
す。

クリップボードを利用する

［ホーム］タブの［クリップボード］ 🖪 をクリックすると、クリップボードが表示されます。クリップボードは、コピーしたり、切り取ったりした文字や図などのデータを保管しておく場所で、貼り付けたいデータをクリックすれば何度でも利用できます。なお、このデータはファイルを閉じると消去されます。

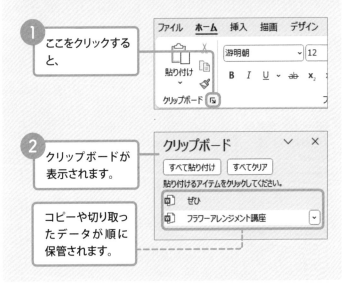

1 ここをクリックする
と、

2 クリップボードが
表示されます。

コピーや切り取っ
たデータが順に
保管されます。

ショートカットキーを利用する

コピーや切り取り、貼り付けはコマンドのかわりにショートカットキーを利用できます。これらの文字列もクリップボードに保管されます。また、移動の操作では、文字列を選択した状態で、そのまま移動先へドラッグすることでも可能です。

●コピー

①文字列を選択する
② Ctrl + C を押す
③コピー先をクリックする
④ Ctrl + V を押す

●移動

①文字列を選択する
② Ctrl + X を押す
③移動先をクリックする
④ Ctrl + V を押す

貼り付けのオプション

貼り付けたあと、右下に［貼り付けのオプション］ が表示されます。クリックすると、貼り付ける状態を指定するメニューが表示されます（［ホーム］タブの［貼り付け］の下部分と同じです）。

例えば、太字の文字をコピーしてそのまま貼り付けると太字のままですが、［テキストのみ保持］ をクリックすると、太字が解除され、文字のみが貼り付けられます。

文字を検索しよう／
置換しよう

文書の中から特定の文字を探すには検索、文字をほかの文字に置き換えるには置換を利用します。検索すると、[ナビゲーション] 作業ウィンドウに該当箇所が表示されるので、すばやく探すことができます。

1 文字を検索しよう

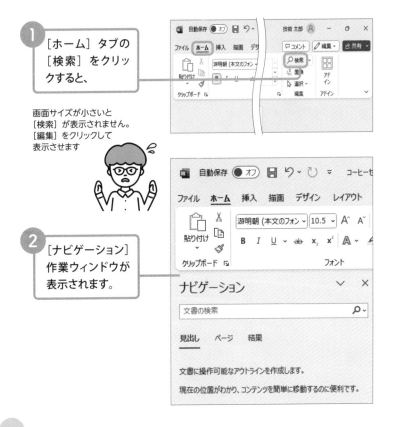

1 [ホーム] タブの [検索] をクリックすると、

画面サイズが小さいと [検索] が表示されません。[編集] をクリックして表示させます

2 [ナビゲーション] 作業ウィンドウが表示されます。

Chapter
1

③ 検索したい文字列を入力すると、

④ 検索され、検索文字列に黄色のマーカーが引かれます。

⑤ [結果] をクリックすると、

⑥ 検索結果の一覧が表示されます。

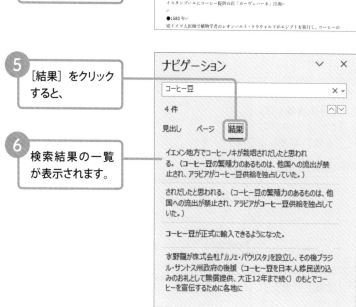

7 目的の結果をクリックすると、

8 文書内の該当場所が表示されます。

9 ここをクリックして、作業ウィンドウを閉じます。

2 文字を置換しよう

1 カーソルを文書の先頭に移動して、[ホーム] タブの [置換] をクリックすると、

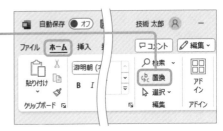

画面サイズが小さいと[置換] が表示されません。[編集] をクリックして表示させます

2 [検索と置換] ダイアログボックスが表示されます。

検索と置換　　　　　　　　　　　　　　　　　　　　　？　×

検索　置換　ジャンプ

検索する文字列(N):
オプション：　大文字と小文字を区別, 半角と全角を区別

置換後の文字列(I):

オプション(M) >>　　　　置換(R)　すべて置換(A)　次を検索(F)　閉じる

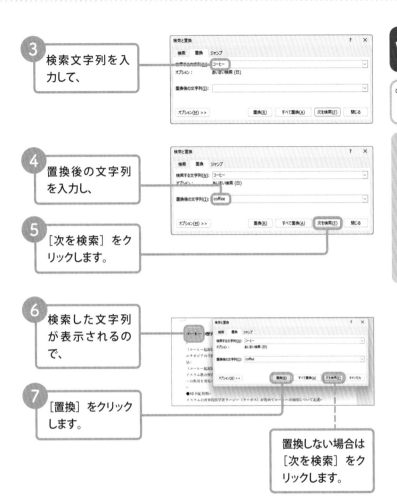

③ 検索文字列を入力して、

④ 置換後の文字列を入力し、

⑤ [次を検索] をクリックします。

⑥ 検索した文字列が表示されるので、

⑦ [置換] をクリックします。

置換しない場合は [次を検索] をクリックします。

Hint

確認せずに置換する

確認作業を行わずに、まとめて一気に置換する場合は、手順④のあとで [すべて置換] をクリックします。

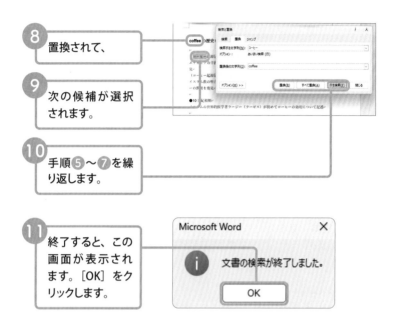

8 置換されて、

9 次の候補が選択されます。

10 手順 **5**〜**7** を繰り返します。

11 終了すると、この画面が表示されます。[OK] をクリックします。

Microsoft Word ✕

文書の検索が終了しました。

OK

Step up 検索条件を指定する

[検索と置換] ダイアログボックスの検索オプションを使うと、検索する文字列の条件を指定できます。例えば、大文字と小文字を区別したり、半角と全角を区別したりすることで、より正確な検索ができます。

[オプション] をクリックしてオプションを表示し、[あいまい検索] をオフにして、検索条件をオンにします。

Word編

Chapter

2

書式と文字の配置を設定しよう

文書全体のレイアウトを設定しよう

Wordで文書を作成するには、まず文書に合わせて、用紙サイズや余白などのページ設定を行います。次に、文書内容を入力します。最後に、配置や文字修飾などの書式設定を行って、読みやすく見栄えのよい文書に整えます。

1 文書のページ設定を覚えよう

Word 2021のページ設定の既定値は以下のようになっています。

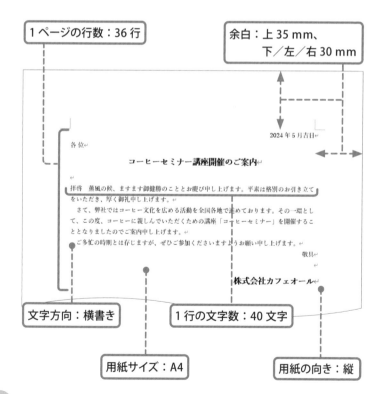

1ページの行数：36行

余白：上35mm、
　　　下／左／右30mm

文字方向：横書き

1行の文字数：40文字

用紙サイズ：A4

用紙の向き：縦

2024年5月吉日

各位

コーヒーセミナー講座開催のご案内

拝啓　薫風の候、ますます御健勝のこととお慶び申し上げます。平素は格別のお引き立てをいただき、厚く御礼申し上げます。

　さて、弊社ではコーヒー文化を広める活動を全国各地で進めております。その一環として、この度、コーヒーに親しんでいただくための講座「コーヒーセミナー」を開催することとなりましたのでご案内申し上げます。

ご多忙の時期とは存じますが、ぜひご参加くださいますようお願い申し上げます。

敬具

株式会社カフェオール

2 用紙サイズや余白を設定しよう

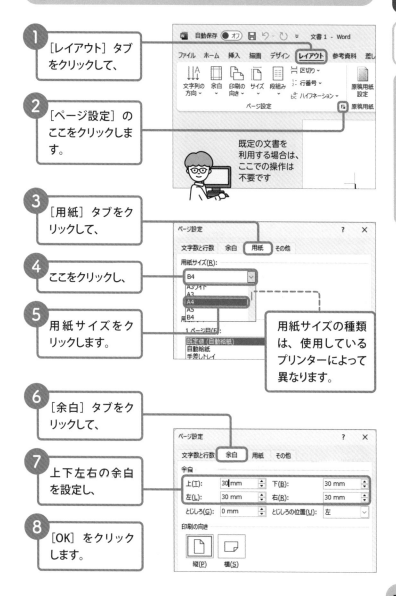

1 [レイアウト] タブをクリックして、

2 [ページ設定] のここをクリックします。

既定の文書を利用する場合は、ここでの操作は不要です

3 [用紙] タブをクリックして、

4 ここをクリックし、

5 用紙サイズをクリックします。

用紙サイズの種類は、使用しているプリンターによって異なります。

6 [余白] タブをクリックして、

7 上下左右の余白を設定し、

8 [OK] をクリックします。

③ 文字数や行数を設定しよう

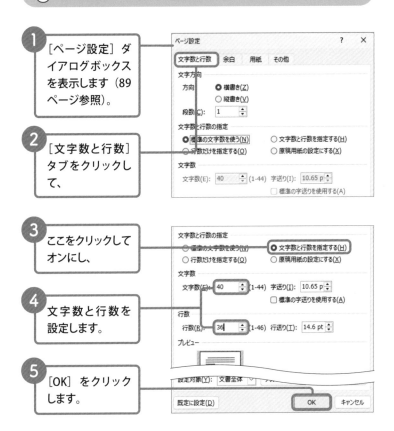

1 [ページ設定] ダイアログボックスを表示します（89ページ参照）。

2 [文字数と行数] タブをクリックして、

3 ここをクリックしてオンにし、

4 文字数と行数を設定します。

5 [OK] をクリックします。

Hint

字送り／行送り

文字数と行数を指定すると、自動的に字送り（文字の左端から次の文字の左端）と行送り（行の上端から次の行の上端）が設定されます。なお、フォントやフォントサイズを変更すると（96ページ参照）、行数や文字数は変わります。

4 縦書き文書に設定しよう

1 [ページ設定] ダイアログボックスの [余白] タブをクリックして、

2 [横] をクリックします。

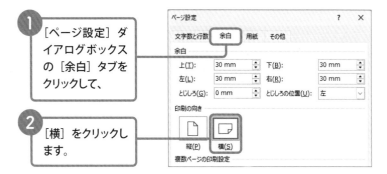

3 [文字数と行数] タブをクリックして、

4 [縦書き] をクリックします。

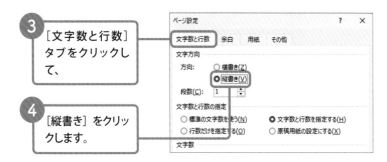

Hint [レイアウト] タブで設定する

文字列の方向、余白、印刷の向き、用紙サイズなどは、[レイアウト] タブのコマンドを利用しても設定できます。

●余白

●用紙サイズ

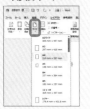

91

ビジネスシーンでよく使われる文書は、ほぼ同じような構成になっており、
ビジネス文書の基本構成と呼ばれることがあります。基本的な文書構成を理
解して、その作成方法を覚えましょう。

1 ビジネス文書の基本構成を覚えよう

ビジネス文書は基本的に以下のような構成になっています。

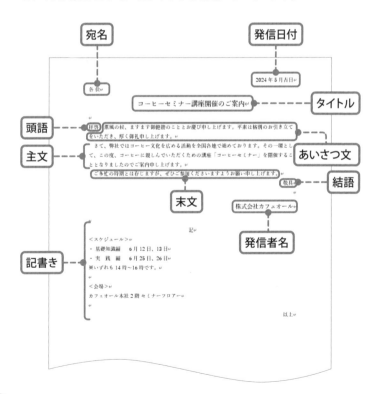

② 日付を右揃えにしよう

1 日付の行(段落)内にカーソルを移動します。

段落の書式は
段落を選択せずに、
段落内にカーソルを
置くだけで設定できます

2 [ホーム]タブの[右揃え]をクリックすると、

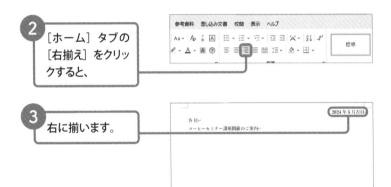

3 右に揃います。

③ タイトルを中央に揃えよう

1 タイトルの行(段落)内にカーソルを移動します。

② [ホーム] タブの [中央揃え] をクリックすると、

③ タイトルが中央に揃います。

④ 頭語と結語を入力しよう

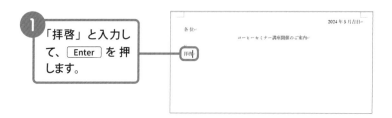

① 「拝啓」と入力して、 Enter を押します。

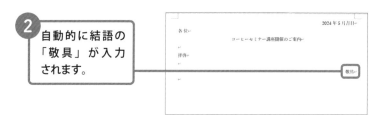

② 自動的に結語の「敬具」が入力されます。

Memo 自動入力

「拝啓」を入力すると「敬具」が、「記」を入力すると「以上」が自動的に入力されるのは入力オートフォーマット機能によるものです。

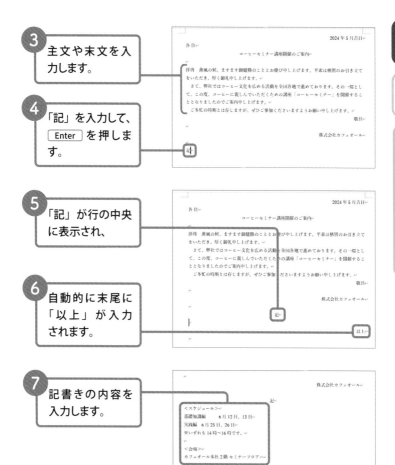

3 主文や末文を入力します。

4 「記」を入力して、Enter を押します。

5 「記」が行の中央に表示され、

6 自動的に末尾に「以上」が入力されます。

7 記書きの内容を入力します。

Memo

記書き（きがき・しるしがき）

「記書き」は「記」で始まり、必要事項を記述して「以上」で締める文書です。要点を箇条書きにしたり、重要な事項を列記したりするときに使われます。

フォント／フォントサイズを変更しよう

フォントとは文字書体のことで、日本語用と英数字用があります。Wordでは、既定のフォントとフォントサイズが設定されていますが、変更することができます。文書や内容に合わせて変更しましょう。

1 フォントを変更しよう

現在のフォントが表示されます。

1 変更したい文字列を選択します。

2 [ホーム] タブの [フォント] のここをクリックして、

3 フォントをクリックすると、

4 フォントが変更されます。

手順 **3** でフォントやフォントサイズにマウスポインターを合わせると、その設定がプレビューされます

2 フォントサイズを変更しよう

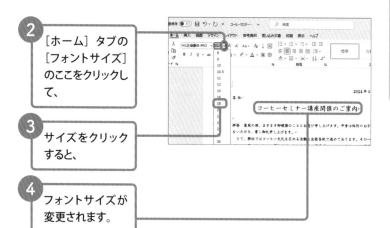

1 変更したい文字列を選択します。

2 [ホーム] タブの [フォントサイズ] のここをクリックして、

3 サイズをクリックすると、

4 フォントサイズが変更されます。

Hint フォントサイズをかんたんに変更する

[ホーム] タブの [フォントサイズの拡大] Ａ´ ／ [フォントサイズの縮小] Ａ をクリックすると、1段階ずつ変更します。また、文字列を選択した際に表示されるミニツールバーでも変更できます。

文字に太字／下線を設定しよう

タイトルや強調したい文字列を太字にしたり、文章中で大切な部分をわかりやすく示すための下線を付けたりすることができます。太字や下線など文字単位で設定する書式（修飾機能）を文字書式といいます。

1 文字を太字にしよう

1 文字列を選択します。

2 ［ホーム］タブの［太字］をクリックすると、

3 太字になります。

表示されるミニツールバーでも設定できます。97 ページのHint を参照してください

② 文字に下線を付けよう

1 文字列を選択します。

2 [ホーム] タブの [下線] をクリックすると、

3 下線が付きます。

Hint 下線の種類

下線には一重線のほか、二重線や破線などがあります。[下線] 右の ⌄ をクリックすると、種類や色を選択できます。

Memo 設定を解除する

太字や下線などの設定を解除するには、設定した文字列を選択して、それぞれのコマンドをクリックします。

文字に色を付けよう

文字に色を付けることで重要な部分を目立たせたり、分類したりすることができます。色パレットから色を選択します。色パレットには基本色のみが用意されていますが、自分で色を選択できる機能もあります。

1 タイトル文字に色を付けよう

1 文字列を選択します。

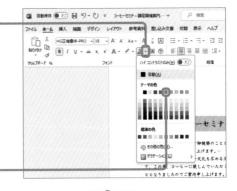

2 [ホーム] タブの [フォントの色] のここをクリックして、

3 目的の色をクリックします（初期設定は [自動]）。

手順 **3** で色に
マウスポインターを合わせると、
色がプレビューされます

④ 文字の色が変わります。

オリジナルの文字色を選択する

[フォントの色] の色パレットに使いたい色がない場合は、オリジナルの色を選択することができます。100ページの手順❸で[その他の色]をクリックします。表示される [色の設定] ダイアログボックスの [標準]、[ユーザー設定] いずれかのタブで色を選びます。

[標準]

[ユーザー設定]

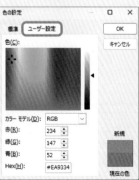

書式をコピーして
別の文字に利用しよう

見出しなどの文字列に書式を設定したとき、複数の文字列に同じ書式を繰り
返し設定できる［書式のコピー／貼り付け］機能があります。文字ごとに毎
回同じ書式を設定する手間が省けて便利です。

1 書式をほかの文字列に適用しよう

1 書式を設定した
文字列を選択しま
す。

> ←
>
> ＜内容＞←
>
> ◆基礎知識編←
>
> ① コーヒーの歴史←
>
> ② コーヒー豆の種類←
>
> ③ コーヒーの淹れ方←
>
> ◆実践編←
>
> ① コーヒー焙煎体験←
>
> ② ラテアート体験←
>
> ◆応用編←
>
> ①テーブルマナー←
>
> ②ミルク・シュガーの出し方←

ここでは、フォント、
フォントの色、フォント
の影、均等割り付けの
書式を設定しています

2 ［ホーム］タブの
［書式のコピー
／貼り付け］をク
リックします。

3 ポインターが 🔼 の状態になります。

<スケジュール>↵
基礎知識編　6月12日、13日↵
実　践　編　6月25日、26日↵
※いずれも14時〜16時です。↵
↵
<内容>↵
◆ 基 礎 知 識 編↵
① コーヒーの歴史↵
② コーヒー豆の種類↵
③ コーヒーの淹れ方↵
◆実践編 🖌↵
① コーヒー焙煎体験↵
② ラテアート体験↵
◆応用編↵
①テーブルマナー↵

4 書式を設定したい文字列をドラッグすると、

5 同じ書式がコピーされます。

<スケジュール>↵
基礎知識編　6月12日、13日↵
実　践　編　6月25日、26日↵
※いずれも14時〜16時です。↵
↵
<内容>↵
◆ 基 礎 知 識 編↵
① コーヒーの歴史↵
② コーヒー豆の種類↵
③ コーヒーの淹れ方↵
◆　実　践　編↵
① コーヒー焙煎体験↵
② ラテアート体験↵
◆応用編↵
①テーブルマナー↵

[書式のコピー/貼り付け] は、文字列に設定されている書式だけを別の文字列に設定する機能です

② 書式を連続して適用させよう

1 文字列を選択して、[書式のコピー／貼り付け]をダブルクリックします。

W	自動保存 ● オフ	🖫 ゥ～ ᜉ ▽ コーヒーセミナー

ファイル **ホーム** 挿入 描画 デザイン レイアウト 参考

貼り付け
HG丸ゴシックM-PRO ～ 12 ～ A˘ A˘ Aa ～
B *I* U ～ ab x₂ x² 𝔸 ～ ✐ ～

クリップボード ⌐｜

フォント

2 ポインターが 🖌 の状態になります。

3 書式を設定したい文字列をドラッグすると、

```
<内容>↵
◆ 基 礎 知 識 編↵
① コーヒーの歴史↵
② コーヒー豆の種類↵
③ コーヒーの淹れ方↵
◆実践編✎⊺I
① コーヒー焙煎体験↵
② ラテアート体験↵
◆応用編↵
①テーブルマナー↵
②ミルク・シュガーの出し方↵
```

4 同じ書式がコピーされます。

5 ポインターが 🖌 の状態のままになっています。

```
<内容>↵
◆ 基 礎 知 識 編↵
① コーヒーの歴史↵
② コーヒー豆の種類↵
③ コーヒーの淹れ方↵
◆ 実  践  編↵              🖌⊺I
① コーヒー焙煎体験↵
② ラテアート体験↵
◆応用編↵
①テーブルマナー↵
②ミルク・シュガーの出し方↵
```

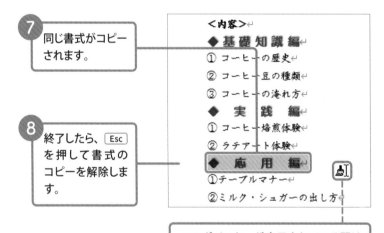

6 続けて文字列をドラッグします。

```
<内容>
◆ 基礎知識編
① コーヒーの歴史
② コーヒー豆の種類
③ コーヒーの淹れ方
◆ 実 践 編
① コーヒー焙煎体験
② ラテアート体験
◆応用編
①テーブルマナー
②ミルク・シュガーの出し方
```

7 同じ書式がコピーされます。

```
<内容>
◆ 基礎知識編
① コーヒーの歴史
② コーヒー豆の種類
③ コーヒーの淹れ方
◆ 実 践 編
① コーヒー焙煎体験
② ラテアート体験
◆ 応 用 編
①テーブルマナー
②ミルク・シュガーの出し方
```

8 終了したら、[Esc] を押して書式のコピーを解除します。

このポインターが表示されている間は何度でもコピーできます。

Memo

コピーできる書式

この例のほか、文字列や段落の配置、罫線のスタイルなどの書式もコピーできます。

15 箇条書きを入力しよう

先頭に「・」などの行頭文字（記号）を入力すると、次の行も同じ記号が入力され、箇条書きの形式になります。解除するまで、この形式で入力できます。箇条書きの内容を入力したあとから、箇条書きにすることもできます。

箇条書きを入力しよう

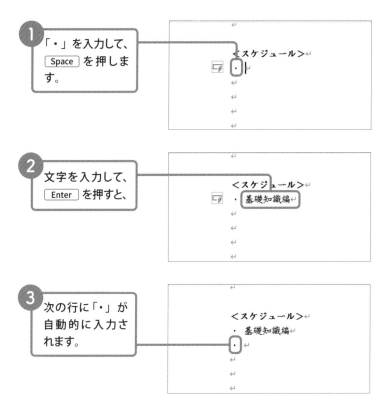

1 「・」を入力して、Space を押します。

```
            <スケジュール>↵
   ☞  ・|
            ↵
            ↵
            ↵
            ↵
```

2 文字を入力して、Enter を押すと、

```
            <スケジュール>↵
   ☞  ・ 基礎知識編↵
            ↵
            ↵
            ↵
            ↵
```

3 次の行に「・」が自動的に入力されます。

```
            <スケジュール>↵
       ・ 基礎知識編↵
       ・  ↵
            ↵
            ↵
            ↵
```

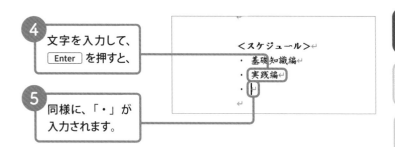

4 文字を入力して、[Enter] を押すと、

5 同様に、「・」が入力されます。

② あとから箇条書きに設定しよう

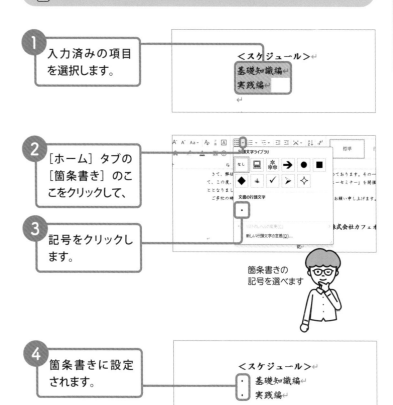

1 入力済みの項目を選択します。

2 [ホーム] タブの [箇条書き] のここをクリックして、

3 記号をクリックします。

箇条書きの記号を選べます

4 箇条書きに設定されます。

段落番号を設定しよう

段落番号を設定すると、段落の先頭に連番を振ることができます。段落番号は、順番を入れ替えたり、追加や削除をしたりしても、自動的に連続した番号で振り直されます。番号の種類も変更できます。

1 段落に連番を振ろう

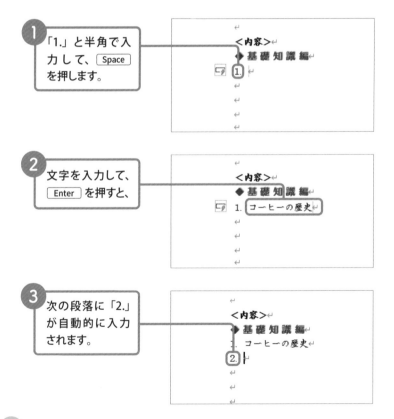

1 「1.」と半角で入力して、[Space]を押します。

<内容>
◆ 基礎知識編
1

2 文字を入力して、[Enter]を押すと、

<内容>
◆ 基礎知識編
1. コーヒーの歴史

3 次の段落に「2.」が自動的に入力されます。

<内容>
◆ 基礎知識編
1. コーヒーの歴史
2.

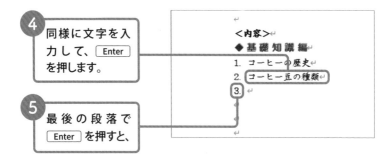

4 同様に文字を入力して、[Enter] を押します。

5 最後の段落で [Enter] を押すと、

6 段落番号の形式が解除されます。

Stepup

段落番号の間に通常の段落を入れる

連番内の途中に通常の段落を挿入するには、挿入する上の段落末で [Enter] を押して、新しい段落を作成し、再度 [Enter] を押すと、通常の段落になります。番号は、次の段落以降に連番が振られます。

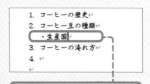

通常の段落になります。

Hint

段落番号の種類を変更する

[ホーム] タブの [段落番号] の⌄をクリックすると、I . や①、A) などの種類に変更できます。

17 インデントを設定しよう

段落内で字下げして読みやすくする場合などは、インデント（字下げ）を設定します。インデントとは段落の左端や右端からの文字位置を下げる機能のことで、インデントマーカーで指定します。

1 段落を字下げしよう

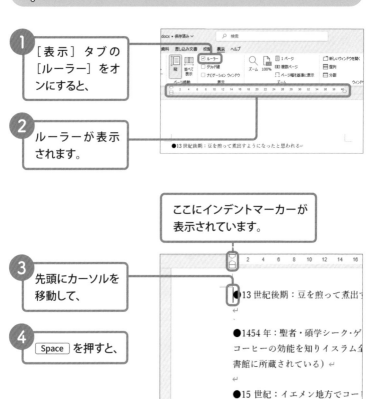

1 [表示] タブの [ルーラー] をオンにすると、

2 ルーラーが表示されます。

ここにインデントマーカーが表示されています。

3 先頭にカーソルを移動して、

4 Space を押すと、

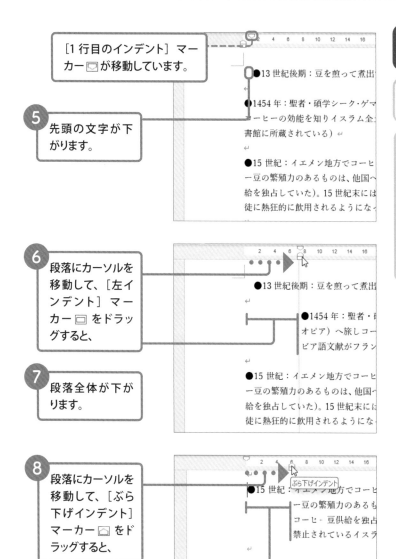

[1 行目のインデント] マーカー ◺ が移動しています。

5 先頭の文字が下がります。

●13 世紀後期：豆を煎って煮出

●1454 年：聖者・碩学シーク・ゲマ
コーヒーの効能を知りイスラム全土
書館に所蔵されている）↵
↵

●15 世紀：イエメン地方でコーヒ
ー豆の繁殖力のあるものは、他国へ
給を独占していた）。15 世紀末には
徒に熱狂的に飲用されるようにな

6 段落にカーソルを移動して、[左インデント] マーカー ◻ をドラッグすると、

●13 世紀後期：豆を煎って煮出
↵

●1454 年：聖者・碩
オピア）へ旅しコー
ビア語文献がフラン
↵

●15 世紀：イエメン地方でコーヒ
ー豆の繁殖力のあるものは、他国へ
給を独占していた）。15 世紀末には
徒に熱狂的に飲用されるようにな

7 段落全体が下がります。

8 段落にカーソルを移動して、[ぶら下げインデント] マーカー ◺ をドラッグすると、

ぶら下げインデント

●15 世紀：イエメン地方でコーヒ
ー豆の繁殖力のあるも
コーヒ豆供給を独占
禁止されているイスラ
↵

9 2 行目以降が下がります。

項目を揃えるタブを設定しよう

箇条書きなど複数の段落がある場合、項目の位置を揃えるには、タブを使います。[Tab] を押してタブを挿入すると、既定で4文字のタブ位置に文字（先頭）が移動します。このタブ位置は、ルーラー上で指定できます。

タブを挿入しよう

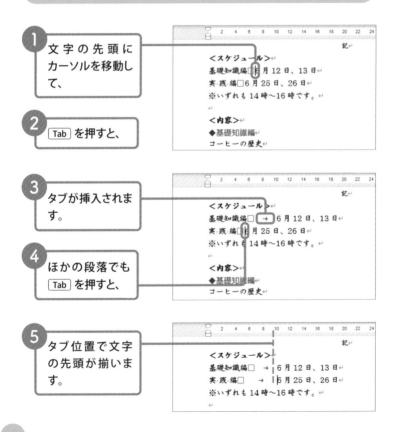

① 文字の先頭にカーソルを移動して、

② [Tab] を押すと、

③ タブが挿入されます。

④ ほかの段落でも [Tab] を押すと、

⑤ タブ位置で文字の先頭が揃います。

② タブ位置を変更しよう

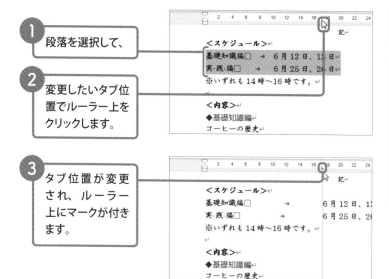

① 段落を選択して、

② 変更したいタブ位置でルーラー上をクリックします。

③ タブ位置が変更され、ルーラー上にマークが付きます。

タブの種類

タブで揃える位置は通常、文字の先頭である左揃え（L）ですが、右揃え（⊔）や中央揃え（⊥）などがあります。例えば、数値の木（右）で揃えたい場合は右揃えにするなど、項目によって変更します。種類は、ルーラーの左端をクリックして切り替えます。

ここで切り替えます。

均等割り付けを設定しよう

文字間隔を調整する際に、文字の間にスペースを入れるのではなく、文字列全体を文字数に合わせて均等に割り付けるときれいに揃います。文字数が異なる複数の項目がある場合は、最大の文字数に合わせるとよいでしょう。

1 項目を均等割り付けにしよう

1 文字列を選択して、

2 [ホーム] タブの [均等割り付け] をクリックします。

コーヒーセミナー案内.docx・保存済み ∨　　　　🔍 検索

レイアウト　参考資料　差し込み文書　校閲　表示　ヘルプ

<スケジュール>
基礎知識編　　　　6 月 12 日、13
実践編　　　　　　6 月 25 日、26
※いずれも 14 時～16 時です。

Memo

文字列を選択するときの注意

文字列を選択する際に、段落記号（↵）まで選択すると、手順❸の［文字の均等割り付け］ダイアログボックスは表示されず、段落内で均等割り付けになります。段落番号まで選択した場合は、［ホーム］タブの［拡張書式］⊠をクリックして、［文字の均等割り付け］をクリックすると、文字数で指定できます。

3 [文字の均等割り付け] ダイアログボックスが表示されるので、

文字の均等割り付け　　　　　　?　×
現在の文字列の幅：　　3 字　(12.9 mm)
新しい文字列の幅(I)：　3 字　⬍ (12.9 mm)
解除(R)　　　　OK　　　キャンセル

4 均等割り付けにする文字数を指定して、

5 [OK] をクリックします。

文字の均等割り付け　　　　　　?　×
現在の文字列の幅：　　3 字　(12.9 mm)
新しい文字列の幅(I)：　5 字　⬍ (21.4 mm)
解除(R)　　　　OK　　　キャンセル

6 項目の文字幅が揃います。

記←
＜スケジュール＞←
基礎知識編　　　　6 月 12 日、13 日←
実　践　編　　　　6 月 25 日、26 日←
※いずれも 14 時～16 時です。←
←

Hint

均等割り付けを解除する

均等割りを設定した文字列を選択して、[文字の均等割り付け] ダイアログボックスの [解除] をクリックします。設定した文字数を変更する場合もこの画面で行います。

文字の均等割り付け　　　　　　?　×
現在の文字列の幅：　　5 字　(21.4 mm)
新しい文字列の幅(I)：　5 字　⬍ (21.4 mm)
解除(R)　　　　OK　　　キャンセル

改ページを設定しよう

複数ページの文書で、ページがまたがると読みにくかったり、文書の内容で
ページを区切りたいという場合があります。このような場合は、改ページ機
能を利用すると、かんたんに区切ることができます。

1 ページの途中で改ページしよう

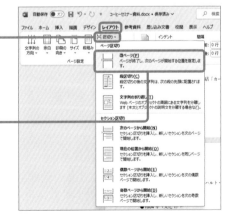

1
ページを変えたい
位置にカーソルを
移動します。

●1554 年
イスタンブールにコーヒー提供の店「カーヴェハーネ」出現

1583 年頃

ドイツ人医師で植物学者のレオンハルト・ラウウォルフがエジフ
を印刷物でヨーロッパに紹介

2
[レイアウト] タブ
の [区切り] をク
リックして、

3
[改ページ] をク
リックします。

④ 改ページマークが
挿入されます。

●1554 年
イスタンブールにコーヒー提供の店「カーヴェハーネ」出現

改ページ

⑤ カーソル位置以
降の文章が次の
ページに送られま
す。

●1583 年頃
ドイツ人医師で植物学者のレオンハルト・ラウウォルフがエジプトを旅
を印刷物でヨーロッパに紹介

●1804 年（文化 1 ）
長崎奉行に勤務していた大田蜀山人が、紅毛船で初めてコーヒーを飲み

改ページマークが表示されない場合は、
［ホーム］タブの［編集記号の表示／非表示］ ↵ を
クリックしてください

Hint
改ページ位置の設定を解除する

改ページを解除するには、改ページされたページの先頭にカー
ソルを移動して、 Back space を 2 回押します。あるいは、改ページマー
クを選択して、 Delete を押します。

① 改ページマークを
選択して、

② Delete を押しま
す。

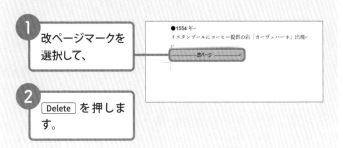

●1554 年
イスタンブールにコーヒー提供の店「カーヴェハーネ」出現

改ページ

段組みを設定しよう

ページを2列（段）以上に分けてレイアウトすることを段組みといいます。
1行の文字数が長くて読みにくいときなどに利用します。一般には2段組み
が適量ですが、3段組みにしたり、段幅を変更することもできます。

1 範囲を指定して2段組みにしよう

1 段組みにしたい範囲を選択します。

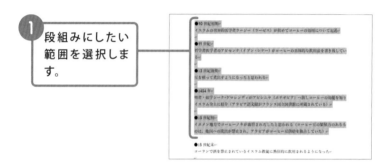

2 ［レイアウト］タブをクリックして、

3 ［段組み］をクリックします。

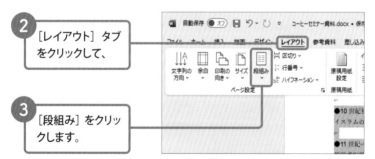

範囲を選択しない場合は、文書全体に段組みが設定されます

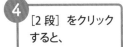
4 [2段]をクリックすると、

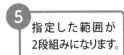
5 指定した範囲が2段組みになります。

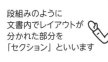
段組みのように文書内でレイアウトが分かれた部分を「セクション」といいます

2 段の幅を変更しよう

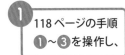
1 118ページの手順**1**〜**3**を操作し、

2 [段組みの詳細設定]をクリックします。

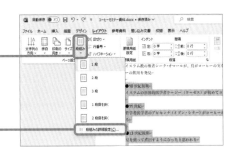

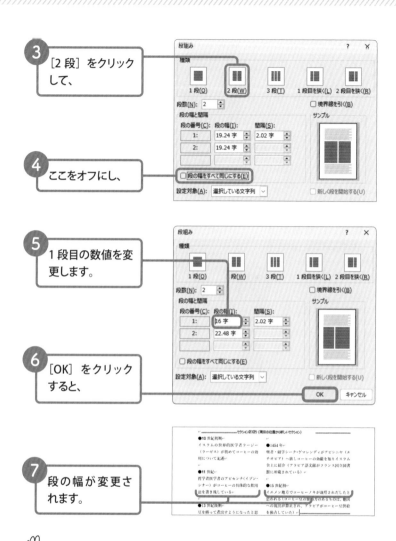

3 [2 段] をクリックして、

4 ここをオフにし、

5 1 段目の数値を変更します。

6 [OK] をクリックすると、

7 段の幅が変更されます。

Hint

段間に罫線を引く

[段組み] ダイアログボックスの [境界線を引く] をクリックしてオンにすると、段間に罫線が引かれます。

Word編

Chapter

3

図形や画像の挿入と
表を作成しよう

22 かんたんな図形を描こう

[挿入] タブの [図形] には図形のサンプルが用意されています。種類を選択して、文書内でドラッグすれば図形を描くことができます。サイズを変更したり、図の中に文字を入れたりしてみましょう。

1 直線を描こう

1 [挿入] タブの [図形] をクリックして、

2 [線] をクリックします。

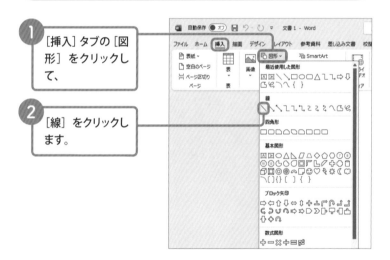

3 ドラッグすると、

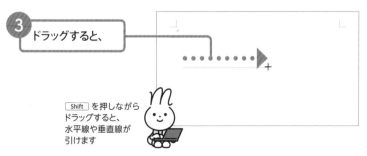

Shift を押しながらドラッグすると、水平線や垂直線が引けます

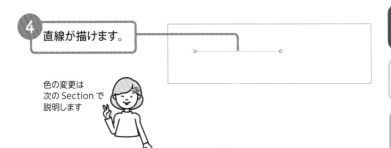

4 直線が描けます。

色の変更は
次の Section で
説明します

２ 四角形を描こう

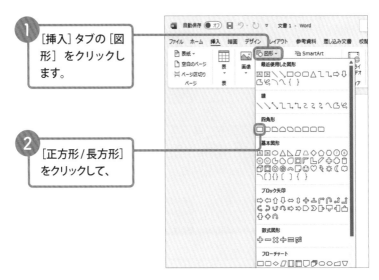

1 [挿入] タブの [図形] をクリックします。

2 [正方形/長方形] をクリックして、

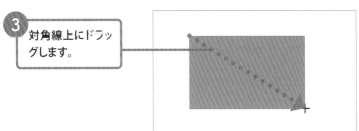

3 対角線上にドラッグします。

4 四角形が描けます。

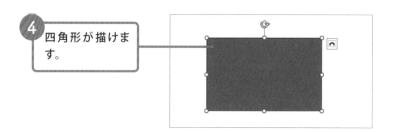

3 図形のサイズを変更しよう

1 作成した図形をクリックして、

2 周辺のハンドルにマウスカーソルを合わせます。

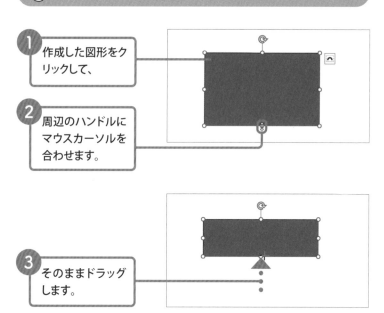

3 そのままドラッグします。

Shift を押しながら
四隅に表示される
ハンドルをドラッグすると、
縦横比を保持したまま
サイズを変更できます

4 図形の中に文字を入れよう

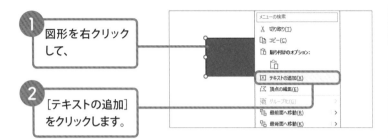

1 図形を右クリックして、

2 [テキストの追加]をクリックします。

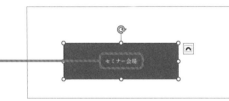

3 カーソルが図形の中に表示されるので、文字を入力します。

4 文字のフォントやサイズ、色を変更します（96ページ、100ページ参照）。

Memo 図形の中の文字

図形の中に入力した文字は、初期設定ではフォントが游明朝、フォントサイズが 10.5pt、フォントの色は背景色に合わせて自動的に黒か白、中央揃えで入力されます。これらは通常の文字と同様に変更できます。

23 図形の色や線の太さを変更しよう

線以外の図形は、図形と枠線で構成されます。そのため、色を変更する場合は、図形の塗りつぶしと、枠線の色を変更する必要があります。枠線は太さのほか二重線や点線などの種類も変更できます。

1 図形の色を変えよう

1 図形をクリックして、

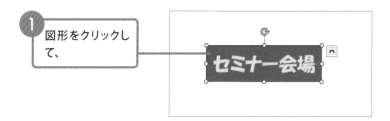

2 [図形の書式] タブをクリックします。

3 [図形の塗りつぶし] の右側をクリックします。

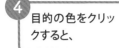

④ 目的の色をクリックすると、

図形内に色を付けない場合は、手順④で［塗りつぶしなし］を選びます

⑤ 図形内の色が変わります。

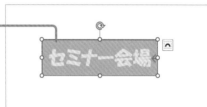

Hint 図形のスタイルを利用する

図形の枠線と塗りなどがあらかじめ設定されている［図形のスタイル］を適用することもできます。［図形のスタイル］の［その他］▽をクリックして、好みのスタイルをクリックします。

2 図形の枠線の色や太さを変えよう

1 図形をクリックして、[図形の書式] タブをクリックします。

2 [図形の枠線] の右側をクリックして、

3 目的の色をクリックします。

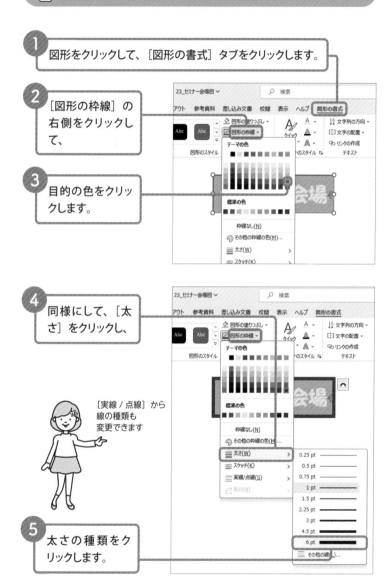

4 同様にして、[太さ] をクリックし、

[実線 / 点線] から
線の種類も
変更できます

5 太さの種類をクリックします。

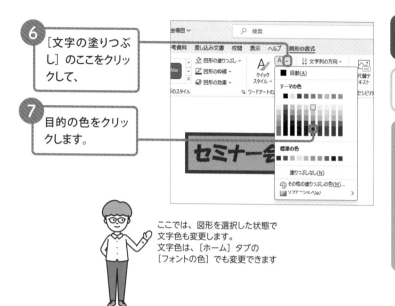

6 [文字の塗りつぶし]のここをクリックして、

7 目的の色をクリックします。

ここでは、図形を選択した状態で
文字色も変更します。
文字色は、[ホーム]タブの
[フォントの色]でも変更できます

8 枠線の色と太さ、文字色が変わります。

セミナー会場

Hint

枠線を消す

図形の色を変更する場合、塗りつぶしと枠線の両方を設定します。
図形の枠線が特に必要でなければ、[図形の枠線]の右側をクリックして[枠線なし]を選ぶとよいでしょう。

図形を文書内に配置しよう

図形、画像（写真）、イラストなど、文書内に挿入できるものをオブジェクトといいます。これらは、文書内の自由な位置に移動したり、文字列の折り返しを利用してオブジェクトの周りに文章を配置したりすることもできます。

1 文字列の折り返しを設定しよう

1 図形をクリックして、

2 ［レイアウトオプション］をクリックし、

3 ［四角形］をクリックします。

4 文章内を移動すると、図形の周りに文章が配置されます。

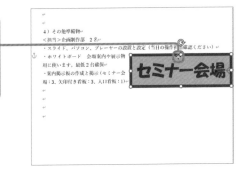

文字列の折り返しの種類

文字列の折り返しは、レイアウトオプションのほか、[図形の書式]タブの[文字列の折り返し]でも設定できます。7種類ありますが、[行内]は行内に固定のため自由に移動することができません。よく使うのは、[四角形]（オブジェクトの周りに文章を配置）、[背面]（文章の背面）、[前面]（文章の前面）です。

●四角形

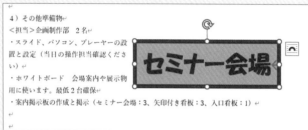

●背面

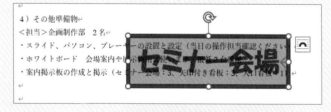

●前面

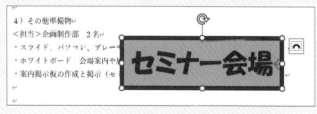

画像を挿入しよう

Word では画像（写真）を文書に配置することができます。撮影した写真の
ほか、インターネット上の画像を検索して挿入することもできます。文書内
に配置する際は、サイズを調整して、文字列の折り返しを指定します。

1 文書に手持ちの画像を配置しよう

1 画像を挿入した
いおおよその位
置にカーソルを移
動します。

記↵

<スケジュール>↵
・→基礎知識編 → 6 月 12 日、13 日↵
・→実　践　編 → 6 月 25 日、26 日↵
※いずれも 14 時～16 時です。↵
├┤
<内容>↵
◆基礎知識編↵
コーヒーの歴史↵
コーヒー豆の種類↵
コーヒーの淹れ方↵
↵

2 [挿入] タブの [画
像] をクリックし
て、

3 [このデバイス]
をクリックします。

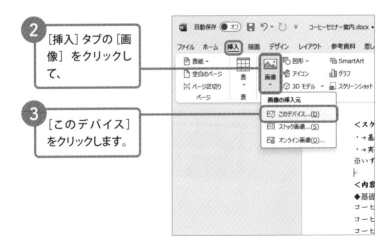

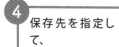
④ 保存先を指定して、

⑤ 画像ファイルをクリックし、

⑥ [挿入] をクリックすると、

⑦ 画像が挿入されます。

⑧ ハンドルにマウスポインターを合わせます。

Hint ストック画像を利用する

手順③で [ストック画像] をクリックすると、マイクロソフト社が提供する素材を利用することができます。画像、アイコン、人物の切り絵、イラストなどがカテゴリー別に用意されています。

9 ドラッグしてサイズを調整します。

<内容>
◆基礎知識編
コーヒーの歴史
コーヒー豆の種類
コーヒーの淹れ方

10 [レイアウトオプション] をクリックして、

記
<スケジュール>
→基礎知識編 → 6月12日、13日
→実 践 → 6月25日、26日
※いずれも14時〜16時です。

レイアウト オプション ×

行内

文字列の折り返し

11 [四角形] をクリックします。

<内容>
◆基礎知識編
コーヒーの歴史
コーヒー豆の種類
コーヒーの淹れ方

◆実践編
コーヒー焙煎体験

12 ドラッグして、文書内に配置します。

記
<スケジュール>
・→基礎知識編 → 10月 1日、 8日
・→実 践 編 10月16日、23日
※いずれも14時〜16時です。

<内容>
◆基礎知識編
①→コーヒーの歴史
②→コーヒー豆の種類
③→コーヒーの淹れ方
◆実践編
①→コーヒー焙煎体験
②→ラテアート体験

画像は、図形と同様にオブジェクトとして扱われ、サイズの変更や移動などが自由にできます

オブジェクトを移動するときに表示される緑の線は「配置ガイド」と呼ばれ、段落や両端、中央の位置の目安にします

インターネット上の画像を挿入する

インターネット上の画像をダウンロードして使用することができます。画像を挿入するには、[挿入] タブの [画像] をクリックして、[オンライン画像] をクリックします。[オンライン画像] ダイアログボックスが表示されるので、検索ボックスにキーワードを入力して、検索します。目的の画像をクリックし、[挿入] をクリックすると、文書内に挿入されます。

また、キーワードを入力するかわりに、画面一覧のカテゴリーをクリックして探すこともできます。画像の著作権に注意して使用しましょう。

1 キーワードを入力して、[Enter] を押します。

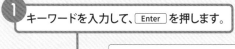

2 目的の画像をクリックして、

3 [挿入] をクリックします。

画像にスタイルを設定しよう

Word には、挿入した画像に枠を付けるスタイル機能や、画像に効果を付けたり、色合いを変更したりできる編集機能があります。適宜設定して文書に合った画像に修整しましょう。

1 画像に枠を付けよう

1 画像をクリックして、[図の形式]タブをクリックします。

2 [図のスタイル]のここをクリックして、

3 スタイルをクリックすると、

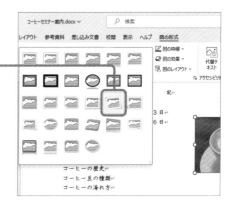

④ 画像にスタイルが付きます。

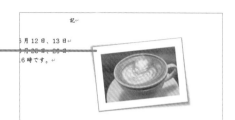

2 画像をモノクロにしよう

① 画像をクリックして、[図の形式]タブをクリックします。

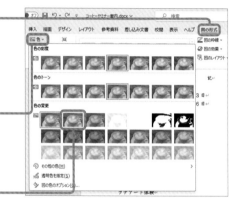

② [色]をクリックして、

③ [グレースケール]をクリックすると、

④ 画像がモノクロになります。

手順 ② の一覧で
色合いも変更できます

表を作成しよう

表を作成する場合、どのような表にするか、あらかじめイメージしておきましょう。イメージをもとに表の枠組みを作成したらデータを入力して、文字の配置やフォントを変更し、見やすい表にします。

1 表の構成要素を知ろう

表は、最初に行数と列数を指定して枠組みを作成します。枠組みを作成したら、「セル」と呼ばれる個々のマス目に文字や数値を入力して、表を完成させます。行や列はあとから挿入や削除が可能です。

> セル：
> データを入力するマス目

> 列：
> セルの縦の並び

時間	内容	司会／講師	備考
14：00	開会、講師紹介	司会	受付：資料配布
14：10	①コーヒーの歴史	星野	
14：45	②コーヒー豆の種類	高橋	
15：20	③コーヒーの淹れ方	吉村	消毒、カップ準備
15：45	コーヒータイム、質疑応答	司会	
16：00	閉会		アンケート回収

> 行：
> セルの横の並び

② 行数と列数から表を作成しよう

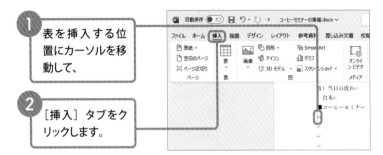

1 表を挿入する位置にカーソルを移動して、

2 [挿入] タブをクリックします。

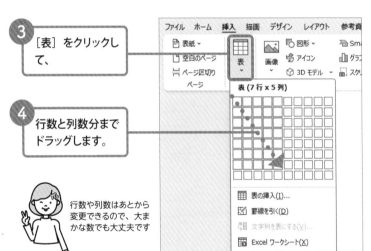

3 [表] をクリックして、

4 行数と列数分までドラッグします。

行数や列数はあとから変更できるので、大まかな数でも大丈夫です

その他の作成方法

手順3のメニューの [表の挿入] をクリックし、行数、列数の数値を指定しても表を作成できます。

5 指定した行数と列数の表が作成されます。

6 セル内にカーソルが表示されます。

3）当日の流れ↵
台本↵

■コーヒーセミナー　基礎知識編スケジュール↵		
↵	↵	↵
↵	↵	↵
↵	↵	↵
↵	↵	↵
↵	↵	↵
↵	↵	↵
↵	↵	↵

↵
↵

③ 表内に文字を入力しよう

1 カーソル位置で文字を入力して、

3）当日の流れ↵
台本↵

■コーヒーセミナー　基礎知識編スケジュール↵		
時間↵	↵	↵
↵	↵	↵
↵	↵	↵
↵	↵	↵
↵	↵	↵

2 Tab を押します。

3 カーソルが右隣りのセルに移動します。

3）当日の流れ↵
台本↵

■コーヒーセミナー　基礎知識編スケジュール↵		
時間↵	↵	↵
↵	↵	↵
↵	↵	↵
↵	↵	↵
↵	↵	↵

セル間は、Tab で右のセルへ、
Shift + Tab で左のセルへ移動します。
目的のセルをクリックしても OK です

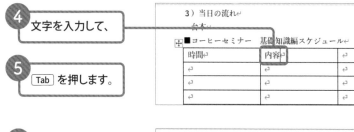

4 文字を入力して、

5 Tab を押します。

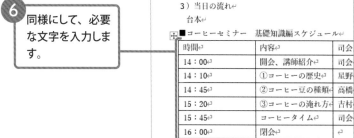

6 同様にして、必要な文字を入力します。

Hint 行や列の挿入/削除

作成した表に行や列を挿入/削除するには、表をクリックして表示される［レイアウト］タブの［行と列］グループにあるコマンドを利用します。

挿入したい行や列の上下/左右いずれかにカーソルを移動してコマンドを指定します。削除する場合は、削除したい行や列にカーソルを移動してコマンドを指定します。

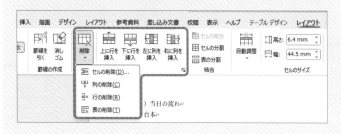

W

Chapter 3

図形・画像と表作成

141

4 セル内の文字の配置を変更しよう

1 行の左端でクリックすると、

2 行が選択されます。

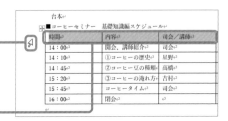

3 右端の [レイアウト] タブをクリックして、

4 [中央揃え] をクリックすると、

セル内の文字は既定で
左上に配置されます。
ここで上下中央に
調整するとよいでしょう

5 文字がセル内の中央に配置されます。

⑤ セル内のフォントを変更しよう

1 フォントを変更したい行や列を選択します。

2 [ホーム] タブの [フォント] のここをクリックして、

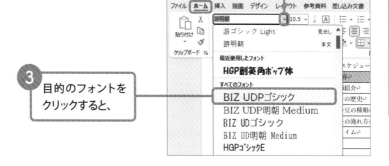

3 目的のフォントをクリックすると、

4 フォントが変更されます。

フォントのサイズは [フォントサイズ]、
文字の色は [フォントの色] で
変更します

Memo 表を選択する

表に対して書式を変更するなど表全体を選択するには、表の左上に表示される田をクリックします。

表に色を付けよう

表は資料として使うのであれば罫線のみでもよいですが、チラシや企画書・報告書など見た目も重視する場合は、色を付けるとよいでしょう。見出し行に色を付ける、項目によって縞模様にするなどで見やすい表になります。

1 タイトル行に色を付けよう

1 タイトル行を選択します。

2 [テーブルデザイン] タブをクリックして、

3 [塗りつぶし] の下部分をクリックし、

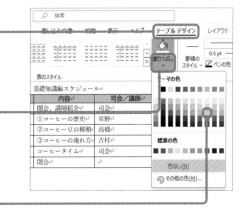

4 目的の色をクリックします。

表の編集用に [テーブルデザイン] と [レイアウト] タブが表示されます

5 色が付きます。

2 表のスタイルを適用しよう

1 表内をクリックして、[テーブルデザイン]タブをクリックします。

2 [表のスタイル]のここをクリックして、

3 好みのスタイルをクリックします。

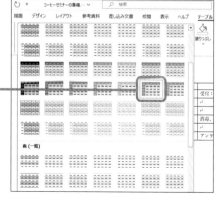

④ スタイルが適用されます。

Stepup

表スタイルのオプションを指定する

145 ページ手順❸の表スタイルでは、[テーブルデザイン] タブの [表スタイルのオプション] グループで適用する要素を指定できます。[タイトル行] や [最初の列] など網かけにしたい要素をオンにすると、スタイルの模様が変わります。

Memo

罫線の色を変更する

[テーブルデザイン] タブの [ペンの色] をクリックして色を選択し、罫線をドラッグすると、色を変更できます。色のほか、線の太さや種類を変更することもできます。

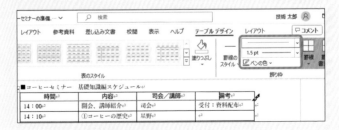

Word編

Chapter

4

便利な機能を
活用しよう

Section 29

Excelで作成した表を
貼り付けよう

Wordの文書内にExcelで作成した表を貼り付けることができます。表の作成や計算はExcelのほうがかんたんです。貼り付けた表は通常のWordの表と同様に編集ができます。

⌷ Excelの表をWordに貼り付けよう

① 表を貼り付ける Word の文書を 開いておきます。

② Excel を起動して、 ファイルを開きます。

③ Word に貼り付けたい Excel の表を選択して、

④ [ホーム] タブの [コピー] をクリックします。

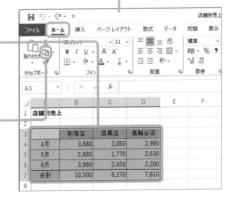

148

便利な機能

⑤ Word 文書を表示して、貼り付け先にカーソルを移動します。

⑥ [ホーム]タブの[貼り付け]の下部分をクリックして、

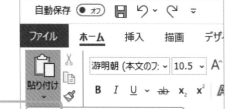

⑦ [貼り付け先のスタイルを使用]をクリックします。

いろいろな
貼り付け方法を
試してみましょう

⑧ Excel の表が貼り付けられます。

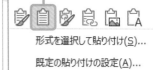

Memo

貼り付けの注意

手順⑥で[貼り付け]をクリックしても貼り付けられますが、行の高さなどに不具合が生じる場合があります。文書に合わせて貼り付け、あとから書式を変更するとよいでしょう。

ヘッダーやフッターを挿入しよう

ヘッダーは文書の上部、フッターは文書の下部のスペースで、ファイル名や日付、作成者名、ページ番号などを指定できます。あらかじめ用意されているデザイン付きのヘッダーやフッターを挿入することもできます。

1 ヘッダーに文書のファイル名を挿入しよう

1 ［挿入］タブの［ヘッダー］をクリックして、

2 ［ヘッダーの編集］をクリックします。

テーマ＜自然と環境＞

今回の社内研修では、企業の一員として

暖化について学びます。この研修から、

のように考えて、実行していくか、また、

て研究していただきたい。

3 ［ドキュメント情報］をクリックして、

4 ［ファイル名］をクリックします。

5 ファイル名が挿入
されます。

社内研修-01 資料

ヘッダー

6 [ヘッダーとフッ
ター] タブの [ヘッ
ダーとフッターを
閉じる] をクリッ
クします。

技術 太郎

表示　ヘルプ　ヘッダーとフッター

□コメント　✐編集 ～　亡共有 ～

□ 先頭ページのみ別指定
□ 奇数/偶数ページ別指定
☑ 文書内のテキストを表示

上からのヘッダー位置: 15 mm
下からのフッター位置: 17.5 mm
整列タブの挿入

ヘッダーとフッター
を閉じる

オプション

位置

閉じる

手順 **2** のメニューに用意
されているデザインを
クリックしても挿入できます

Hint

フッターに日付を挿入する

フッターに日付を挿
入するには、[挿入]
タブの [フッター]
→ [フッターの編集]
をクリックします。
続いて [ヘッダーと
フッター] タブの [日
付と時刻] をクリッ
クし、形式を指定し
て挿入します。

日付と時刻

? ×

表示形式(A):

2024/05/10
2024年5月10日
2024年5月10日(金)
2024年5月
二〇二四年五月十日(金)
2024/5/10
24/5/10 17時30分
24/5/10 17時30分46秒
午後5時30分
午後5時30分46秒
17時30分
17時30分46秒
2024-05-10

言語の選択(L):

日本語

カレンダーの種類(C):

グレゴリオ暦

□ 全角文字を使う(W)
□ 自動的に更新する(U)

既定に設定(D)

OK　キャンセル

ページ番号を挿入しよう

文書が複数ページの場合、ページ番号を付けておくと画面で確認しやすく、印刷した際にも便利です。ページ番号は、フッター、ヘッダーと呼ばれる文書の上下余白部分に配置されます。

1 フッターにページ番号を挿入しよう

1 [挿入] タブの [ページ番号] をクリックします。

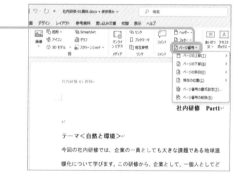

2 [ページの下部] をクリックして、

3 目的のデザインをクリックします。

④ ページ番号が挿入されます。

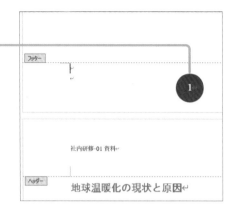

フッター

1

⑤ [ヘッダーとフッター] タブの [ヘッダーとフッターを閉じる] をクリックします。

社内研修-01 資料

ヘッダー　　地球温暖化の現状と原因

Hint 総ページとページ番号を入れる

例えば 20 ページある文書の 5 ページ目には「5/20」のように、「現在のページ / 総ページ」が表示されるようにしておくと便利です。ページ番号のデザインを選ぶ際に、[X/Y ページ] を指定します。

印刷したときに便利ですね!

フッター

1 / 8

社内研修-01 資料

ヘッダー　　地球温暖化の現状と原因

スペルチェックと
文章校正を実行しよう

文章を入力しているとスペルミスや助詞の誤用、表記ゆれなどが出てきます。
Word にはスペルチェックと文章校正機能が用意されているので、文書作成
の最後には必ず実行するとよいでしょう。

1 文書の先頭からチェックしよう

1 カーソルを文書
の先頭に移動しま
す。

2 [校閲] タブをク
リックして、

3 [スペルチェックと
文章校正] をク
リックします。

④ 文書の修正箇所
が選択され、

⑤ [文章校正] 作業
ウィンドウが表示
されます。

⑥ 指摘内容を確認
して(ここでは「ス
ペルチェック」)、

⑦ 修正する場合は、
目的の候補をク
リックします。

⑧ スペルが修正さ
れ、次の修正箇
所に移動します。

ほかに修正箇所がなければ、
156ページ手順⑫の完了画面が
表示されます

9 [文章校正] 作業ウィンドウの指摘内容を確認して（ここでは「表現の推敲」）、

10 修正候補をクリックすると、

文章校正 ∨ ✕

表現の推敲
「い」抜き ∨

また、日本南部はデング熱が流行する危険性が増し、北海道や東北ではゴキブリなどの害虫が見られる

修正候補の一覧

「い」抜き 考えられています ∨

11 本文が修正されます。

温暖化が進むと、日本では、これまで食べてきた美味しいお米がとれなくなり、病害虫の懸念も増大します。漁獲量にも影響がでます。暖水性のサバやサンマは増える一方、アワビやサザエ、ベニザケは減少するといわれています。また、日本南部はデング熱が流行する危険性が増し、北海道や東北ではゴキブリなどの害虫が見られるようになると 考えられています。都市部ではヒートアイランド現象に拍車がかかり、海岸地域では砂浜が減少し、また、高潮や津波による危険地帯が著しく増大します。↵

12 完了したら、[OK] をクリックします。

Microsoft Word ✕

ⓘ 文章の校正が完了しました。

OK

Stepup 文章校正のチェック項目を指定する

文章校正では、仮名遣い、表現や助詞の使い方などをチェックできます。ただし、チェック項目が無効になっている場合があります。文章校正を実行する前に、項目を確認し、有効にしておくとよいでしょう。[ファイル]タブの([その他]→)[オプション]をクリックして、表示される[Wordのオプション]画面から[文章校正の詳細設定]ダイアログボックスを表示します。

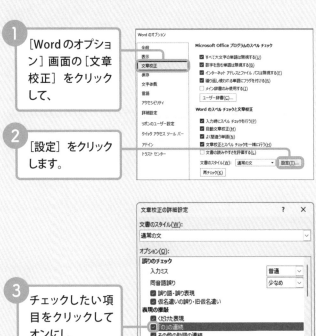

1 [Wordのオプション]画面の[文章校正]をクリックして、

2 [設定]をクリックします。

3 チェックしたい項目をクリックしてオンにし、

4 [OK]をクリックします。

ファイルにパスワードを付けよう

重要な文書は第三者に開けられたり、編集されたりしないようにパスワードを付けて保存するとよいでしょう。パスワードには開くことができない読み取りパスワードと編集することができない書き込みパスワードがあります。

1 読み取りと書き込みのパスワードを設定しよう

① ［名前を付けて保存］ダイアログボックスを表示します（46ページ参照）。

② ［ツール］をクリックして、

③ ［全般オプション］をクリックします。

4 [読み取りパスワード] と [書き込みパスワード] にパスワードを入力して、

全般オプション   ? ×

全般オプション

この文書のファイル暗号化オプション
読み取りパスワード(O): •••••
この文書のファイル共有オプション
書き込みパスワード(M): •••••
☐ 読み取り専用を推奨(E)
文書の保護(P)...
マクロのセキュリティ
マクロ ウィルスが含まれている可能性のあるファイルのセキュリティ レベルを調整し、信頼で   マクロのセキュリティ(S)...
きるマクロ開発者の名前を特定するようにします。

OK   キャンセル

5 [OK] をクリックします。

6 [パスワードの確認] 画面が表示されます。

パスワードの確認   ? ×

読み取りパスワードをもう一度入力してください(P):

•••••

注意: パスワードは、覚えやすいものを使ってください (大文字と小文字が区別されることにも注意してください)。

OK   キャンセル

7 手順4で指定した読み取りパスワードを入力して、

8 [OK] をクリックします。

パスワードは
忘れないように
しましょう

9 手順4で指定した書き込みパスワードを入力して、

10 [OK] をクリックします。

パスワードの確認   ? ×

書き込みパスワードをもう一度入力してください(P):

•••••

注意: 変更を加えるためのパスワードは、セキュリティの機能ではありません。この文書は誤って編集されないように保護されますが、暗号化されません。悪意のあるユーザーによって、ファイルが編集されたり、パスワードが削除されたりする可能性があります。

OK   キャンセル

11 保存先やファイル名を指定して、

12 [保存]をクリックします。

Memo パスワードの付いたファイルを開く

パスワードの付いたファイルを開く際に、パスワードを求める画面が表示されます。設定したパスワードを入力すると文書が開きます。

読み取りパスワードを入力します。

書き込みパスワードを入力します。

Hint パスワードの設定を解除する

パスワードを解除するには、159ページの設定画面を表示してパスワードを削除し、[OK]をクリックします。パスワードを変更する場合も、この画面で行います。

Excel編

Chapter

1

表を作成しよう

1 文字データを入力しよう

Excel でデータを入力するには、セルをクリックして選択状態にしてから入力します。日本語を入力するときは、入力モードを [ひらがな] に切り替えてから入力します。

1 セルに文字を入力しよう

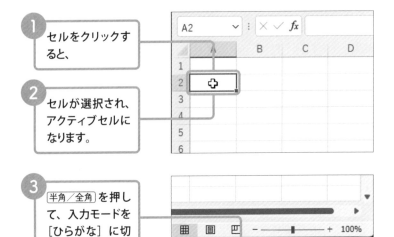

1 セルをクリックすると、

2 セルが選択され、アクティブセルになります。

3 半角／全角 を押して、入力モードを [ひらがな] に切り替えます。

Memo アクティブセル

セルをクリックすると、そのセルが選択され、緑の枠で囲まれます。これが現在操作の対象となっているセルで、「アクティブセル」といいます。

4 文字の読みを入力して、Space を押すと、

A2	∨	:	× ✓ fx	うりあげ
	A	B	C	D

うりあげ

Tab キーを押して選択します

1 売上目標
2 売り上げ
3 売上
4 売上高
5 売上実績

変換する候補の一覧が表示されます

5 漢字に変換されます。

A2	∨	:	× ✓ fx	売上

売上

6 Enter を2回押すと、文字が確定され、

A3	∨	:	× ✓ fx	

売上

7 アクティブセルが下のセルに移動します。

163

② 文字を続けて入力しよう

1 文字を入力して、Enter ではなく Tab を押すと、

A3		✓	:	× ✓	fx	飲料

	A	B	C	D
1				
2	売上			
3	飲料			
4				
5				
6				
7				

2 アクティブセルが右のセルに移動します。

B3		✓	:	× ✓	fx	

	A	B	C	D
1				
2	売上			
3	飲料			
4				
5				
6				
7				

Hint ほかの漢字に変換する

Space を押しても目的の漢字に変換されないときは、もう一度 Space を押します。漢字の変換候補が表示されるので、目的の漢字を選択します。

③ Tab を押しなが
ら、同様に文字
を入力していきま
す。

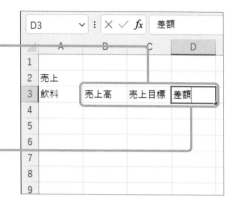

④ 行 の 末 尾 で
Enter を押すと、

⑤ アクティブセルが
入力を開始したセ
ルの直下に移動
します。

便利な操作です！

⑥ Enter を押しな
がら下方向に文
字を入力していき
ます。

数値データを入力しよう

数値を入力するときは、入力モードを［半角英数字］に切り替えてから入力します。数値を入力して [Tab] を押すと右方向、[Enter] を押すと下方向にアクティブセルが移動して、データが確定します。

1 セルに数値を入力しよう

1 数値を入力するセルをクリックして、

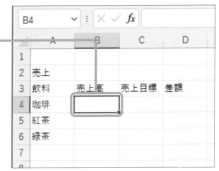

入力モードを切り替えましょう

2 [半角/全角] を押して、入力モードを［半角英数字］に切り替えます。

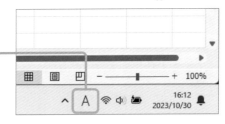

数値もかんたんに入力できます

③ 数値を入力して、[Tab] を押すと、

B4		:	× ✓ fx	12450	
	A	B	C	D
1				
2	売上			
3	飲料	売上高	売上目標	差額
4	珈琲	12450		
5	紅茶			
6	緑茶			
7				
8				
9				

④ 入力したデータが確定し、

⑤ アクティブセルが右に移動します。

C4		:	× ✓ fx		
	A	B	C	D
1				
2	売上			
3	飲料	売上高	売上目標	差額
4	珈琲	12450		
5	紅茶			
6	緑茶			
7				
8				
9				

⑥ 同様に数値を入力していきます。

B7		:	× ✓ fx		
	A	B	C	D
1				
2	売上			
3	飲料	売上高	売上目標	差額
4	珈琲	12450	12000	
5	紅茶	9800	10000	
6	緑茶	4510	5000	
7				
8				
9				

日付データを入力しよう

日付を入力するには、「年、月、日」を表す数値を「/」(スラッシュ) や「-」
(ハイフン) で区切って入力します。日付を入力するときは、[半角英数字]
入力モードで入力します。

1 セルに日付を入力しよう

① 日付を入力するセルをクリックして、

② 年、月、日を「/」(スラッシュ) で区切って入力します。

ハイフンで区切って入力しても OK です

③ Enter を押すと、日付が入力されます。

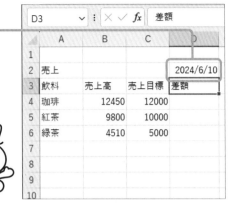

	A	B	C	D
1				
2	売上			2024/6/10
3	飲料	売上高	売上目標	差額
4	珈琲	12450	12000	
5	紅茶	9800	10000	
6	緑茶	4510	5000	
7				
8				
9				
10				

「#####」が表示された場合は、列幅を調整しましょう。218 ページを参照してください

Memo 今日の日付や時刻をかんたんに入力する

セルをクリックして、Ctrl を押しながら ; (セミコロン)を押すと、今日の日付が自動的に入力されます。また、Ctrl を押しながら :(コロン)を押すと、現在の時刻が自動的に入力されます。

Hint 日付を「6 月 10 日」の形で入力する

日付を「6 月 10 日」のように入力したいときは、月と日を「/」(スラッシュ)もしくは「-」(ハイフン)で区切って入力します。この場合、セルには「6 月10 日」のように表示されますが、実際は、「2024 年 6 月 10 日」のように「年」も含めたデータが入力されています。

4 同じデータを入力しよう

同じデータを入力するには、オートフィル機能を利用すると便利です。データが入力されたセルを選択して、フィルハンドル（セルの右下隅にある緑の四角形）をドラッグすると、データがコピーされます。

1 同じデータをすばやく入力しよう

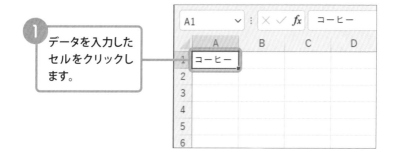

1 データを入力したセルをクリックします。

フィルハンドルになっていることを確認しましょう

2 フィルハンドルにマウスポインターを合わせて、

③ 下方向へドラッグ
します。

データのコピーを
便利に使いましょう

④ マウスのボタンを
離すと、同じデー
タが入力されま
す。

Memo

オートフィル

オートフィルは、セルのデータをもとに
して、同じデータや連続するデータをド
ラッグ操作で入力する機能のことです。
文字や数値が入力されたセルを選択し
て、フィルハンドルをドラッグすると、
データがコピーされます。

フィルハンドル

連続するデータを
入力しよう

連続するデータを入力するには、オートフィル機能を利用すると便利です。
連続する数値や曜日、日付などが入力されたセルを選択して、フィルハンドルをドラッグすると、連続データがすばやく入力されます。

1 連続する数値をすばやく入力しよう

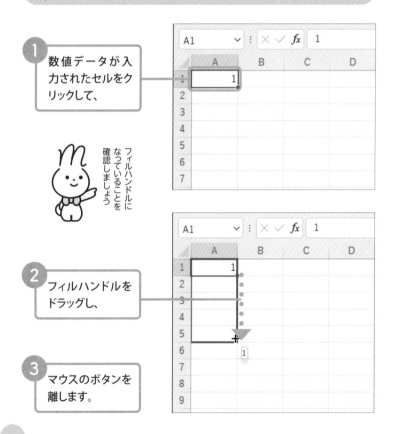

1 数値データが入力されたセルをクリックして、

フィルハンドルになっていることを確認しましょう

2 フィルハンドルをドラッグし、

3 マウスのボタンを離します。

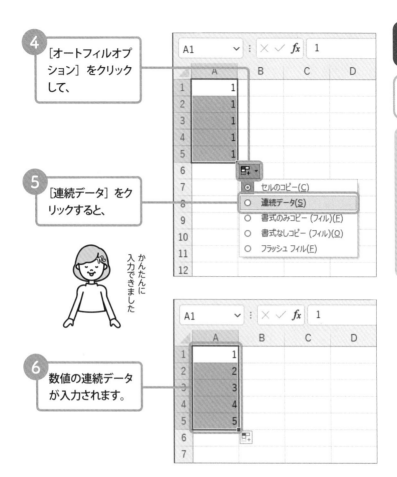

4 [オートフィルオプション] をクリックして、

5 [連続データ] をクリックすると、

かんたんに入力できました

6 数値の連続データが入力されます。

Hint

日付や曜日の連続データを入力する

連続した日付や曜日をすばやく入力するには、「7月1日」、「月曜日」「月」などと入力したセルをクリックして、フィルハンドルをドラッグします。「第1四半期」など、数字と数字以外の文字を含むデータも連続データになります。

6 データを修正しよう

セルに入力したデータを修正するには、セル内のデータをすべて書き換える方法と、データの一部を修正する方法があります。データをすべて書き換える場合はセルを、データの一部を修正する場合はセルか数式バーを使います。

1 セル内のデータを書き換えよう

修正するセルをクリックして、

データを入力すると、もとのデータが書き換えられます。

Enter を押すと、セルのデータが修正されます。

2 セル内のデータの一部を修正しよう

1 データを修正するセルをダブルクリックすると、

A5		:	× ✓ fx	紅茶
	A	B	C	D
1				
2	売上 🔁			2024/6/10
3	飲料	売上高	売上目標	差額
4	コーヒー	12450	12000	
5	紅茶	9800	10000	
6	緑茶	4510	5000	
7				
8				

2 セル内にカーソルが表示されます。

3 修正したい文字の前をクリックしてカーソルを移動します。

A2		:	× ✓ fx	売上
	A	B	C	D
1				
2	売上			2024/6/10
3	飲料	売上高	売上目標	差額
4	コーヒー	12450	12000	
5	紅茶	9800	10000	
6	緑茶	4510	5000	
7				
8				

4 データを入力して Enter を押すと、セルのデータが修正されます。

A3		:	× ✓ fx	飲料
	A	B	C	D
1				
2	ドリンク売上			2024/6/10
3	飲料	売上高	売上目標	差額
4	コーヒー	12450	12000	
5	紅茶	9800	10000	
6	緑茶	4510	5000	
7				
8				

データを削除しよう

入力したデータが不要になった場合は、削除します。データを削除したいセルをクリックして、Delete を押します。複数のセルのデータを削除するには、データを削除するセルをドラッグして選択し、Delete を押します。

1 セル内のデータを削除しよう

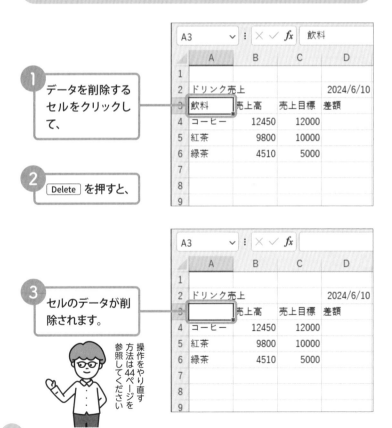

1 データを削除するセルをクリックして、

2 Delete を押すと、

3 セルのデータが削除されます。

操作をやり直す方法は44ページを参照してください

2 複数のセル内のデータを削除しよう

① データを削除する
セル範囲の始点
となるセルにマウ
スポインターを合
わせて、

② そのまま終点とな
るセルまでドラッ
グして、セル範囲
を選択します。

③ Delete を押すと、

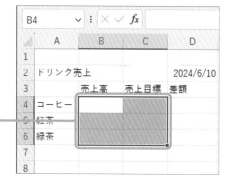

④ 選択したセル範
囲のデータが削
除されます。

セルやセル範囲を選択しよう

データの削除やコピー、移動などを行う際には、操作の対象となるセルやセル範囲を選択します。複数のセル範囲を選択したり、離れた場所にあるセルを同時に選択したり、行や列単位で選択したりする方法を紹介します。

1 セル範囲を選択しよう

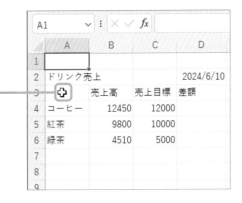

1 選択範囲の始点となるセルにマウスポインターを合わせて、

2 そのまま、終点となるセルまでドラッグし、

3 マウスのボタンを離すと、セル範囲が選択されます。

② 離れた位置にあるセルを選択しよう

1 最初のセルをクリックします。

	A	B	C	D	E
1					
2	ドリンク売上			2024/6/10	
3		売上高	売上目標	差額	
4	コーヒー	12450	12000		

2 Ctrl を押しながら別のセルをクリックすると、セルが追加選択されます。

	A	B	C	D	E
1					
2	ドリンク売上			2024/6/10	
3		売上高	売上目標	差額	
4	コーヒ	12450	12000		
5	紅茶	9800	10000		
6	緑茶	4510	5000		
7					

3 続いて、Ctrl を押しながら別のセル範囲をドラッグすると、

	A	B	C	D	E
1					
2	ドリンク売上			2024/6/10	
3		売上高	売上目標	差額	
4	コーヒー	12450	12000		
5	紅茶	9800	10000		
6	緑茶	4510	5000		
7					

4 離れた位置にある複数のセル範囲が追加選択されます。

Memo

セルの選択を解除する

セルを複数選択したあとで特定のセルだけ選択を解除するには、Ctrl を押しながらセルをクリックあるいはドラッグします。また、セル範囲の選択を解除するには、いずれかのセルをクリックします。

このあとも
よく使う
基本操作です

③ 行や列を選択しよう

1 行番号の上にマウスポインターを合わせてクリックすると、

	A	B	C	D	E
1					
2	ドリンク売上			2024/6/10	
3		売上高	売上目標	差額	
4	コーヒー	12450	12000		
5	紅茶	9800	10000		
6	緑茶	4510	5000		
7					
8					

2 行全体が選択されます。

	A	B	C	D	E
1					
2	ドリンク売上			2024/6/10	
3		売上高	売上目標	差額	
4	コーヒー	12450	12000		
5	紅茶	9800	10000		
6	緑茶	4510	5000		
7					
8					

3 そのまま下方向にドラッグすると、複数の行が選択されます。

	A	B	C	D	E
1					
2	ドリンク売上			2024/6/10	
3		売上高	売上目標	差額	
4	コーヒー	12450	12000		
5	紅茶	9800	10000		
6	緑茶	4510	5000		
R4C					
8					

Memo 列を選択する

列を選択する場合は、列番号をクリックします。そのまま右方向にドラッグすると、複数の列が選択されます。

④ 離れた位置にある行や列を選択しよう

1 列番号の上にマウスポインターを合わせてクリックすると、

A1	∨ : × ✓ fx			
	A ↓	B	C	D	E
1					
2	ドリンク売上			2024/6/10	
3		売上高	売上目標	差額	
4	コーヒー	12450	12000		
5	紅茶	9800	10000		
6	緑茶	4510	5000		
7					
8					
9					

2 列全体が選択されます。

A1	∨ : × ✓ fx			
	A	B	C	D	E
1					
2	ドリンク売上			2024/6/10	
3		売上高	売上目標	差額	
4	コーヒー	12450	12000		
5	紅茶	9800	10000		
6	緑茶	4510	5000		
7					
8					
9					

3 Ctrl を押しながら別の列番号をクリックすると、

4 離れた位置にある列が追加選択されます。

C1	∨ : × ✓ fx			
	A	B	C	D	E
1					
2	ドリンク売上			2024/6/10	
3		売上高	売上目標	差額	
4	コーヒー	12450	12000		
5	紅茶	9800	10000		
6	緑茶	4510	5000		
7					
8					
9					

データをコピーしよう／
移動しよう

入力済みのデータと同じデータを入力する場合は、データをコピーして貼り付けると入力の手間が省けます。また、入力済みのデータを移動するには、セル範囲を切り取って目的の位置に貼り付けます。

1 データをコピーして貼り付けよう

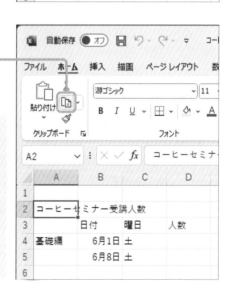

1 コピーするセルをクリックして、

2 [ホーム] タブの [コピー] をクリックします。

Memo データの貼り付け

コピーもとのセル範囲が破線で囲まれている間は、コピーもとのデータを何度でも貼り付けることができます。

	A	B	C	D
1				
2	コーヒーセ	ミナー受講人数		
3		日付	曜日	人数
4	基礎編	6月1日	土	
5		6月8日	土	
6				
7				
8				

3 貼り付け先のセルをクリックして、

🗙 自動保存 ● オフ 🔒 り ∨ ৫ ∨ ⹀ コー

ファイル **ホーム** 挿入 描画 ページレイアウト 数

游ゴシック ∨ 11

貼り付け B I U ∨ ⊞ ∨ ◇ ∨ A

クリップボード ⤓ フォント

4 [ホーム] タブの [貼り付け] をクリックすると、

A7 ∨ : × ✓ fx

	A	B	C	D
1				
2	コーヒーセ	ミナー受講人数		
3		日付	曜日	人数
4	基礎編	6月1日	土	
5		6月8日	土	
6				
7				

コピーするセル範囲を選択して、Ctrl を押しながらドラッグしても OK です

	A	B	C	D
1				
2	コーヒーセ	ミナー受講人数		
3		日付	曜日	人数
4	基礎編	6月1日	土	
5		6月8日	土	
6				
7	コーヒーセ	ミナー受講人数		
8		🖺(Ctrl)▾		

5 データがコピーされます。

2 データを切り取って貼り付けよう

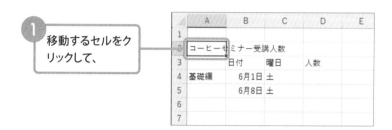

1 移動するセルをクリックして、

	A	B	C	D	E
1					
2	コーヒーセミナー受講人数				
3		日付	曜日	人数	
4	基礎編	6月1日	土		
5		6月8日	土		
6					
7					

2 [ホーム] タブの [切り取り] をクリックします。

自動保存 ● オフ　コーヒーセミナー

ファイル　**ホーム**　挿入　描画　ページレイアウト　数式　デ

貼り付け

游ゴシック ～ 11 ～ A^ A

B I U ～ 田 ～ 🌣 ～ A ～ 字

クリップボード　　　フォント

A2　　　✕ ✓ fx　コーヒーセミナー受講人

	A	B	C	D	E
1					
2	コーヒーセミナー受講人数				
3		日付	曜日	人数	
4	基礎編	6月1日	土		
5		6月8日	土		
6					
7					

	A	B	C	D	E
1					
2	コーヒーセミナー受講人数				
3		日付	曜日	人数	
4	基礎編	6月1日	土		
5		6月8日	土		
6					
7					
8					
9					
10					

3 移動先のセルをクリックして、

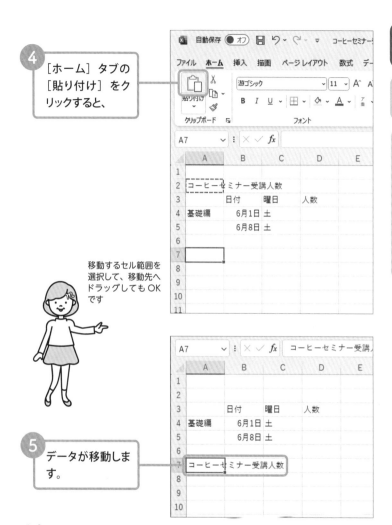

④ [ホーム] タブの [貼り付け] をクリックすると、

移動するセル範囲を選択して、移動先へドラッグしても OK です

⑤ データが移動します。

Memo 移動をキャンセルする

移動もとのセル範囲が破線で囲まれている間は、Esc を押すと、移動をキャンセルすることができます。

罫線を引こう

シートに必要なデータを入力したら、表を見やすくするために罫線を引きます。[ホーム] タブの [罫線] のメニューを利用すると、選択したセル範囲に目的の罫線を引くことができます。

1 表全体に罫線を引こう

① 表全体のセル範囲を選択します。

② [ホーム] タブの [罫線] のここをクリックして、

罫線とは
表に引く線のことです

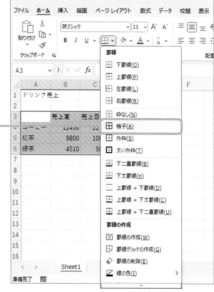

③ 罫線の種類（ここでは［格子］）をクリックすると、

メニューの中から罫線の種類を選ぶことができます

④ 選択したセル範囲に格子の罫線が引かれます。

A1		ドリンク売上		
	A	B	C	D	E
1	ドリンク売上			2024/6/10	
2					
3		売上高	売上目標	差額	
4	コーヒー	12450	12000		
5	紅茶	9800	10000		
6	緑茶	4510	5000		
7					
8					
9					
10					

2 セルに斜線を引こう

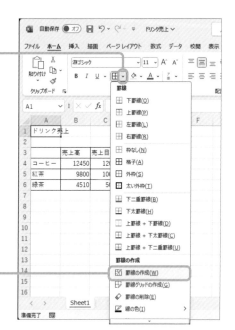

1 [ホーム] タブの [罫線] のここをクリックして、

2 [罫線の作成] をクリックします。

3 マウスポインターの形が変わった状態でセルの角から角まで斜めにドラッグすると、

④ 斜線が引かれます。

A1		∨	:	× ✓	fx	ドリンク売
	A	B	C	D

	A	B	C	D
1	ドリンク売上			2024/
2				
3		売上高	売上目標	差額
4	コーヒー	12450	12000	
5	紅茶	9800	10000	
6	緑茶	4510	5000	
7				
8				
9				
10				
11				

⑤ Esc を押して、マウスポインターをもとの形に戻します。

斜線を引くことができました！

Hint

罫線を削除する

罫線を削除するには、目的のセル範囲を選択して、罫線メニューを表示し、[枠なし] をクリックします。一部の罫線を削除するには、[罫線の削除] をクリックして、罫線を削除したいセル範囲をドラッグまたはクリックします。

A1		∨	:	× ✓	fx	ドリンク売上

	A	B	C	D
1	ドリンク売上			2024/6/10
2				
3		売上高	売上目標	差額
4	コーヒー	12450	12000	
5	紅茶	9800	10000	
6	緑茶	4510	5000	
7				
8				
9				
10				

11 罫線の種類と色を変えよう

罫線は、[セルの書式設定] ダイアログボックスを利用して引くこともできます。[セルの書式設定] ダイアログボックスを利用すると、罫線の種類や色、罫線を引く位置などをまとめて設定することができます。

1 罫線の種類と色を変更しよう

1 表全体に罫線を引きます（186ページ参照）。

2 セル範囲を選択します。

3 [ホーム] タブの [罫線] のここをクリックして、

4 [その他の罫線] をクリックします。

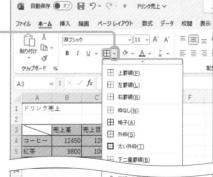

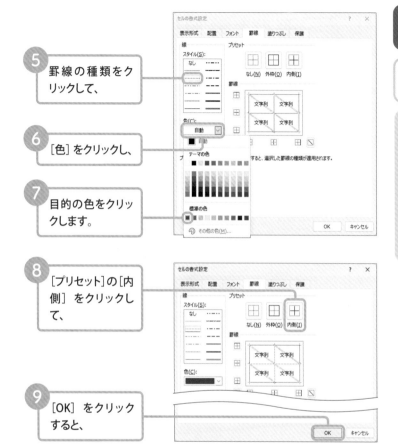

5 罫線の種類をクリックして、

6 [色] をクリックし、

7 目的の色をクリックします。

8 [プリセット]の[内側] をクリックして、

9 [OK] をクリックすると、

10 内側の罫線の種類と色が変更されます。

セルを追加しよう

表を作成したあとでも、必要に応じてセルを追加することができます。[ホーム]タブの[挿入]から[セルの挿入]をクリックします。セルを追加する際は、追加後にセルが移動する方向を指定します。

⌐ 選択した場所にセルを追加しよう

1 セルを追加したいセル範囲を選択します。

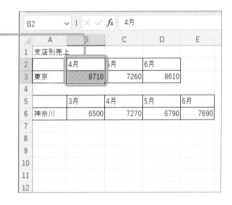

表を作り直す必要がないので便利です

2 [ホーム]タブの[挿入]のここをクリックして、

3 [セルの挿入]をクリックします。

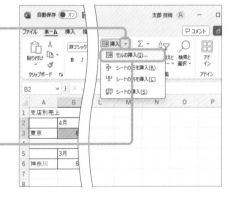

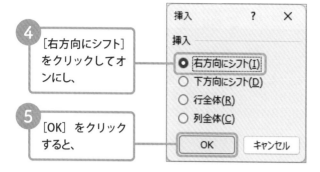

④ [右方向にシフト] をクリックしてオンにし、

⑤ [OK] をクリックすると、

⑥ 選択した場所にセルが追加されて、

⑦ 選択していたセル以降が右方向に移動します。

Hint 挿入オプション

追加したセルの上のセル（または左のセル）に書式が設定されている場合は、[挿入オプション] が表示されます。これを利用すると、追加したセルの書式を変更することができます。

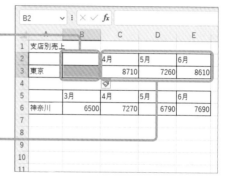

13 セルを削除しよう

表を作成したあとでも、必要に応じてセルを削除することができます。[ホーム] タブの [削除] から [セルの削除] をクリックします。セルを削除する際は、削除後にセルが移動する方向を指定します。

1 セル範囲を削除しよう

削除したいセル範囲を選択します。

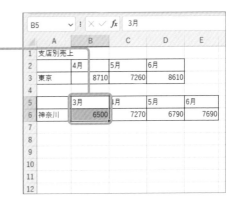

[ホーム] タブの [削除] のここをクリックして、

[セルの削除] をクリックします。

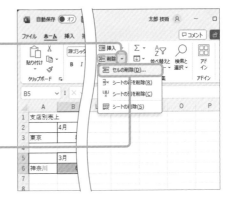

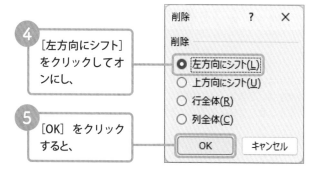

④ [左方向にシフト] をクリックしてオンにし、

⑤ [OK] をクリックすると、

⑥ セルが削除されて、

⑦ 右側にあるセルが左方向に移動します。

Hint

セルを追加/削除するそのほかの方法

セルの追加や削除は、ここで紹介した方法のほかに、選択したセル範囲を右クリックすると表示されるメニューからも行うことができます。

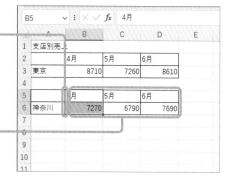

セルを結合しよう

隣り合う複数のセルは、結合して1つのセルとして扱うことができます。結合したセル内の文字は、通常のセルと同じように任意に配置できます。見出しなどに利用すると、表の体裁を整えることができます。

1 セルを結合して文字を中央に揃えよう

1 隣り合う複数のセルを選択します。

2 [ホーム] タブの [セルを結合して中央揃え] をクリックすると、

3 セルが結合され、文字の配置が中央揃えになります。

表のタイトルのセルなどを結合すると見やすいです

② 文字配置を維持したままセルを結合しよう

1 隣り合う複数のセルを選択します。

2 [ホーム] タブの [セルを結合して中央揃え] のここをクリックして、

3 [セルの結合] をクリックすると、

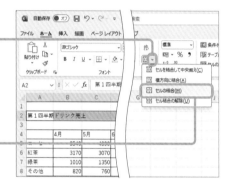

4 文字の配置を維持したまま、セルが結合されます。

Memo セルの結合を解除する

セルの結合を解除するには、結合されたセルを選択して、[セルを結合して中央揃え] ⊞をクリックするか、手順③で [セル結合の解除] をクリックします。

15 行や列を追加しよう

表を作成したあとで新しい項目が必要になった場合は、行や列を挿入してデータを追加します。行を追加するときは行番号を、列を追加するときは列番号をクリックして、[ホーム]タブの[挿入]をクリックします。

行を追加しよう

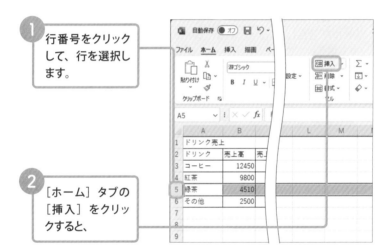

1 行番号をクリックして、行を選択します。

2 [ホーム]タブの[挿入]をクリックすると、

3 選択した行の上に新しい行が追加されます。

② 列を追加しよう

追加したいデータがあるときに便利です

1 列番号をクリックして、列を選択します。

2 [ホーム] タブの [挿入] をクリックすると、

3 選択した列の左に列が追加されます。

Hint 追加した行や列の書式を設定できる

追加した周囲のセルに書式が設定されていた場合、追加した行や列には、上の行または左の列の書式が適用されます。書式を変更したい場合は、行や列を追加した際に表示される [挿入オプション] をクリックして設定します。

○ 上と同じ書式を適用(A)
○ 下と同じ書式を適用(B)
○ 書式のクリア(C)

行や列を削除しよう

表を作成したあとで不要になった項目がある場合は、行単位や列単位で削除
することができます。行を削除するときは行番号を、列を削除するときは列
番号をクリックして、[ホーム] タブの [削除] をクリックします。

1 行を削除しよう

1 行番号をクリック
して、削除する行
を選択します。

2 [ホーム] タブの
[削除] をクリッ
クすると、

3 行が削除されま
す。

② 列を削除しよう

列番号をクリックして、削除する列を選択します。

[ホーム] タブの [削除] をクリックすると、

	A	B	C	D	E	L	M
1							
2	第1四半期ドリンク売上						
3							
4		コーヒー	紅茶	緑茶	その		
5	5月	4390	3070	1350			
6	6月	4520	3560	2150			
7	合計	8910	6630	3500			
8							
9							

列が削除されます。

	A	B	C	D	E	F	G
1							
2	第1四半期ドリンク売上						
3							
4		コーヒー	紅茶	その他			
5	5月	4390	3070	760			
6	6月	4520	3560	920			
7	合計	8910	6630	1680			
8							

Hint 行や列を追加／削除するそのほかの方法

行や列の追加と削除は、ここで紹介した方法のほかに、選択した行や列を右クリックすると表示されるメニューからも行うことができます。

第1四半期ドリンク売上		
	コーヒー	紅茶
5月	4390	3070
6月	4520	3560
合計	8910	6630

メニューの検索

✂ 切り取り(T)
🗐 コピー(C)
🗐 貼り付けのオプション:
　　🗐
　形式を選択して貼り付け(S)...
　挿入(I)
　削除(D)
　数式と値のクリア(N)
▦ セルの書式設定(F)...
　列の幅(W)...

17 データを並べ替えよう

リスト形式のデータでは、データを昇順や降順で並べ替えたり、新しい順や古い順で並べ替えたりすることができます。並べ替えを行う際は、基準となるフィールド（列）を指定します。

1 リスト形式のデータを作成しよう

リスト形式のデータとは、下図のように、先頭行に列見出し（フィールド名）が入力され、それぞれの列見出しの下に同じ種類のデータが入力されている一覧表のことです。表のタイトルなど、リストのデータと意味が異なるものとの間には、少なくとも1つの空白行を入れます。

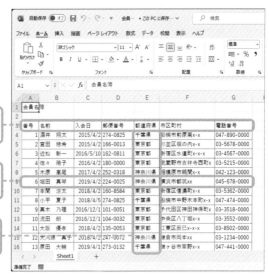

列見出し
（フィールド名）

レコード
（1件分のデータ）

フィールド
（1列分のデータ）

② データを昇順や降順に並べ替えよう

1 並べ替えの基準となるフィールドの任意のセルをクリックします。

2 [データ] タブをクリックして、

3 [昇順] をクリックすると、

4 「名前」の昇順に表全体が並べ替えられます。

Memo

降順に並べ替える

降順に並べ替えるには、手順**3** で [降順] 🗚 をクリックします。

ここは「番号」の昇順に戻します

③ 並べ替えをもとに戻そう

1 並べ替えの基準となるフィールドの任意のセルをクリックして、

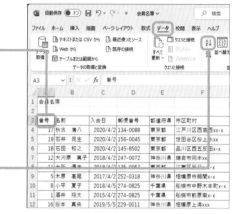

2 [データ] タブの [昇順] をクリックすると、

3 「番号」の昇順にデータが並べ替えられます。

Hint

並べ替えをもとに戻す

並び順の基準になるフィールドがない場合、並べ替えをした直後であれば [元に戻す] ⏎ をクリックすると戻すことができます（44ページ参照）。ただし、並べ替えたあとでファイルを閉じた場合は、もとに戻せないので注意が必要です。

Excel編

Chapter

2

文字とセルの書式を設定しよう

文字やセルの背景に色を付けると、見やすい表に仕上がります。文字に色を付けるには［ホーム］タブの［フォントの色］を、セルに背景色を付けるには［塗りつぶしの色］を利用します。

1 文字に色を付けよう

1 文字色を付けるセルをクリックします。

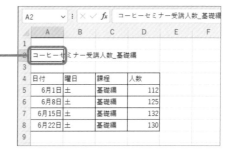

2 ［ホーム］タブの［フォントの色］のここをクリックして、

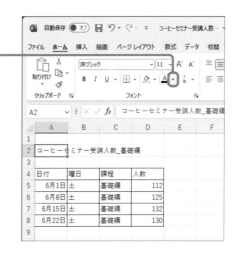

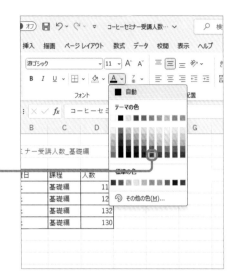

③ 目的の色にマウスポインターを合わせると、色が一時的に適用されて表示されます。

④ 色をクリックすると、文字の色が変更されます。

Memo

もとに戻す

文字の色をもとに戻すには、セルをクリックして、手順③で[自動]をクリックします。

2 セルに色を付けよう

1 色を付けるセル範囲を選択します。

2 [ホーム] タブの [塗りつぶしの色] のここをクリックして、

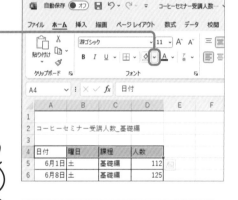

一覧に目的の色がない場合は、[その他の色] をクリックして選びます

3 目的の色にマウスポインターを合わせると、色が一時的に適用されて表示されます。

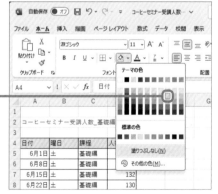

4 色をクリックすると、セルの背景に色が付きます。

Memo

背景色を消す

セルの背景色を消すには、目的の範囲を選択して、208ページの手順**3**で［塗りつぶしなし］をクリックします。

Stepup

［セルのスタイル］を利用する

［ホーム］タブの［セルのスタイル］を利用すると、Excelにあらかじめ用意された書式をセルや文字に設定することができます。

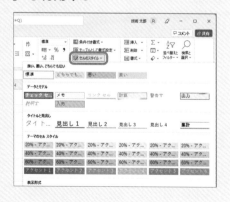

文字サイズやフォントを変更しよう

文字サイズやフォントを変更すると、表のタイトルや項目などを目立たせたり、重要な箇所を強調したりすることができます。[ホーム] タブの [フォントサイズ] と [フォント] を利用します。

文字サイズを変更しよう

1 文字サイズを変更するセルをクリックします。

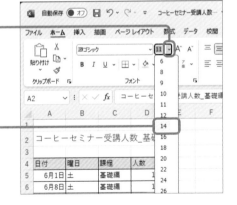

2 [ホーム] タブの [フォントサイズ] のここをクリックして、

3 文字サイズをクリックすると、

4 文字サイズが変更されます。

② フォントを変更しよう

いろいろな種類があります

フォントを変更するセルをクリックします。

	A	B	C	D	E	F
1						
2	コーヒーセミナー受講人数_基礎編					
3						
4	日付	曜日	課程	人数		
5	6月1日	土	基礎編	112		
6	6月8日	土	基礎編	125		
7	6月15日	土	基礎編	132		

2 ［ホーム］タブの［フォント］のここをクリックして、

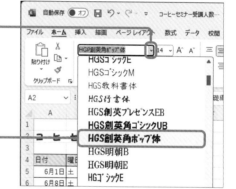

自動保存 ● オフ コーヒーセミナー受講人数…

ファイル　ホーム　挿入　描画　ページレイアウト　数式　データ　校閲

HGP創英角ポップ体 14

HGSゴシックE
HGSゴシックM
HGS教科書体
HGS行書体
HGS創英プレゼンスEB
HGS創英角ゴシックUB
HGS創英角ポップ体
HGS明朝B
HGS明朝E
HGゴシックE

3 フォントをクリックすると、

4 フォントが変更されます。

	A	B	C	D	E	F
1						
2	コーヒーセミナー受講人数_基礎編					
3						
4	日付	曜日	課程	人数		
5	6月1日	土	基礎編	112		
6	6月8日	土	基礎編	125		
7	6月15日	土	基礎編	132		
	6月22日	土	基礎編	120		

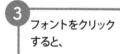

Memo

初期設定のフォントと文字サイズ

Excel の既定の文字サイズは「11」ポイント、日本語フォントは「游ゴシック」です。

文字に太字や斜体
を設定しよう

文字を太字や斜体にすると、特定の文字を目立たせることができます。文字に太字や斜体を設定するには、[ホーム] タブの [フォント] グループの各コマンドを利用します。

1 文字を太字にしよう

1 文字を太字にするセルをクリックします。

2 [ホーム] タブの [太字] をクリックすると、

3 文字が太字になります。

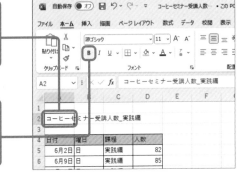

Memo 太字を解除する

太字の設定を解除するには、セルをクリックして、[太字] を再度クリックします。

② 文字を斜体にしよう

1 文字を斜体にするセル範囲を選択します。

	A	B	C	D	E	F
1						
2	コーヒーセミナー受講人数_実践編					
3						
4	日付	曜日	課程	人数		
5	6月2日	日	実践編	82		
6	6月9日	日	実践編	85		
7	6月16日	日	実践編	92		
8	6月23日	日	実践編	96		

2 [ホーム] タブの [斜体] をクリックすると、

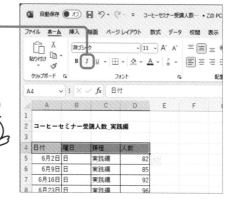

[下線] U をクリッククすると、文字に下線を付けることもできます

	A	B	C	D	E	F
1						
2	コーヒーセミナー受講人数_実践編					
3						
4	日付	曜日	課程	人数		
5	6月2日	日	実践編	82		
6	6月9日	日	実践編	85		
7	6月16日	日	実践編	92		
8	6月23日	日	実践編	96		

3 文字が斜体になります。

	A	B	C	D	E	F
1						
2	コーヒーセミナー受講人数_実践編					
3						
4	*日付*	*曜日*	*課程*	*人数*		
5	6月2日	日	実践編	82		
6	6月9日	日	実践編	85		
7	6月16日	日	実践編	92		
8	6月23日	日	実践編	96		

Memo 斜体を解除する

斜体の設定を解除するには、セル範囲を選択して、[斜体] を再度クリックします。

文字の配置を変更しよう

セル内の文字の配置は任意に変更することができます。文字がセル内に収まりきらない場合は、文字を折り返したり、セル幅に合わせて縮小したりできます。また、文字を縦書き表示にすることもできます。

文字をセルの中央に揃えよう

1 文字配置を変更するセル範囲を選択します。

2 [ホーム] タブの [中央揃え] をクリックすると、

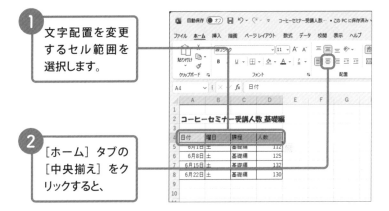

3 文字がセルの中央に配置されます。

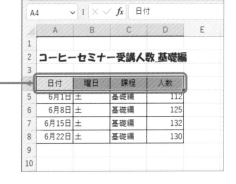

文字がはみ出さずに表示されます

2 セルに合わせて文字を折り返そう

1 文字配置を変更するセルをクリックします。

2 [ホーム] タブの [折り返して全体を表示する] をクリックすると、

3 文字が折り返され、文字全体が表示されます。

4 行の高さは自動的に調整されます。

	A	B	C	D	E
	A5		コーヒー豆の知識		
1					
2	コーヒーセミナー内容（実践編）				
3					
4	内容	開催日	時間		
5	コーヒー豆の知識				
6	豆の選別方法				
7	焙煎方法				
8	抽出方法				
9					

自動的に調整されない場合は、行の高さを調整しましょう。220 ページを参照してください

Memo

折り返した文字をもとに戻す

折り返した文字をもとに戻すには、セルをクリックして、[折り返して全体を表示する] を再度クリックします。

③ 文字を縮小して全体を表示しよう

1 文字の大きさを調整するセルをクリックして、

2 [ホーム] タブの [配置] グループのここをクリックします。

3 [縮小して全体を表示する」をクリックしてオンにし、

4 [OK] をクリックすると、

5 セルの幅に合わせて文字のサイズが自動的に縮小されます。

4 文字を縦書きで表示しよう

文字を縦書きに
するセル範囲を
選択します。

[ホーム]タブの
[方向]をクリッ
クして、

[縦書き]をクリッ
クすると、

文字が縦書き表
示になります。

日付	曜日	課程	人数
6月1日	土	基礎編	112
6月8日	土	基礎編	125
6月15日	土	基礎編	132
6月22日	土	基礎編	130

Memo 縦書き表示をもとに戻す

縦書きにした文字をもとに戻すには、セル範囲を選択して、[縦
書き]を再度クリックします。

列の幅や行の高さを調整しよう

数値や文字がセル幅に収まりきらない場合や、表の体裁を整えたい場合は、列の幅や行の高さを調整しましょう。マウスでドラッグするほかに、セルのデータに合わせて自動的に調整することもできます。

列の幅を変更しよう

1 列番号の境界にマウスポインターを合わせると、マウスポインターの形が変わります。

2 その状態でドラッグすると、

3 列の幅が変更されます。

2 セルのデータに合わせて列幅を変更しよう

1 列番号の境界に
マウスポインター
を合わせると、マ
ウスポインターの
形が変わります。

2 その状態でダブル
クリックすると、

A4		: × √ fx	内 容		
	A	B ++ C	D	E
1				
2	開店2周年記念キャンペーン開催			
3				
4	内 容	詳 細		
5	開催期間	7月1日（月）～7月10日（水）		
6	キャンペーン	期間中ギフト券（1,000円）進呈		
7	開催店舗	九段坂上店		
8				
9				
10				
11				

3 セルのデータに合
わせて、列の幅
が変更されます。

A4		: × √ fx	内 容
	A	B	
1			
2	開店2周年記念	キャンペーン開催	
3			
4	内 容	詳 細	
5	開催期間	7月1日（月）～7月10日（水）	
6	キャンペーン	期間中ギフト券（1,000円）進呈	
7	開催店舗	九段坂上店	
8			
9			

Hint 列の幅の表示単位

変更中の列の幅は、マウ
スポインターの右上に数
値で表示されます。列の
幅は、Excel の既定のフォ
ント（11 ポイント）で入
力できる半角文字の「文
字数」で表されます。

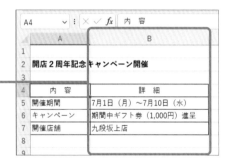

A4		:	幅: 14.75 (123 ピクセル)
	A	+ B C	D
1			
2	開店2周年記念キャンペーン開催		
3			
4	内 容	詳 細	
5	開催期間	7月1日（月）～7月10日（水）	
6	キャンペーン	期間中ギフト券（1,000円）進	
7	開催店舗	九段坂上店	

便利な操作です!

③ 行の高さを変更しよう

1 行番号の境界にマウスポインターを合わせると、マウスポインターの形が変わります。

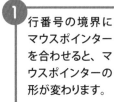

高さ: 42.75 (57 ピクセル)

	A	B	C	D	E
	コーヒーセミナー受講人数_基礎編				
	日付	曜日	課程	人数	
	6月1日	土	基礎編	112	
	6月8日	土	基礎編	125	
	6月15日	土	基礎編	132	
	6月22日	土	基礎編	130	

2 その状態でドラッグすると、

A1

	A	B	C	D	E
1					
2	コーヒーセミナー受講人数_基礎編				
3					
4	日付	曜日	課程	人数	
5	6月1日	土	基礎編	112	
6	6月8日	土	基礎編	125	
7	6月15日	土	基礎編	132	
8	6月22日	土	基礎編	130	
9					

3 行の高さが変更されます。

Hint

行の高さの表示単位

変更中の行の高さは、マウスポインターの右上に数値で表示されます。行の高さは、入力できる文字の「ポイント数」で表されます。カッコの中にはピクセル数が表示されます。

列の幅や行の高さを数値で指定する

Stepup

列の幅や行の高さは、数値で指定して変更することもできます。
列の幅は、調整したい列をクリックして、[ホーム] タブの [書式] から [列の幅] をクリックし、[セルの幅] ダイアログボックスで指定します。

行の高さは、調整したい行をクリックして、[ホーム] タブの [書式] から [行の高さ] をクリックし、[セルの高さ] ダイアログボックスで指定します。

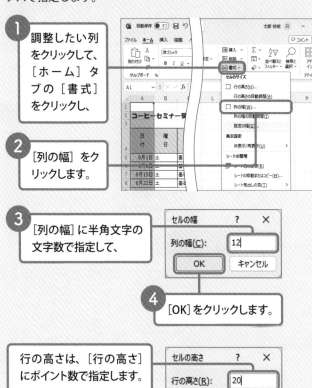

1 調整したい列をクリックして、[ホーム] タブの [書式] をクリックし、

2 [列の幅] をクリックします。

3 [列の幅] に半角文字の文字数で指定して、

セルの幅　？　×
列の幅(C): 12
OK　キャンセル

4 [OK] をクリックします。

行の高さは、[行の高さ] にポイント数で指定します。

セルの高さ　？　×
行の高さ(R): 20
OK　キャンセル

Section
23

セルの表示形式を
変更しよう

セルの表示形式は、セルに入力したデータを目的に合った形式で表示するための機能です。表示形式を桁区切りスタイルやパーセントスタイルなどに設定して、見やすい表を作成することができます。

1 セルの表示形式とは？

Excelでは、セルに対して「表示形式」を設定することで、セルに入力したデータをさまざまな見た目で表示させることができます。表示形式には、下図のようなものがあります。

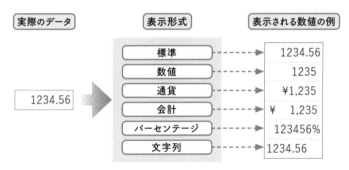

表示形式を設定するには、[ホーム] タブの [数値] グループの各コマンドや、[セルの書式設定] ダイアログボックスの [表示形式] タブを利用します。

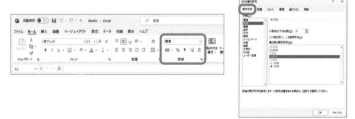

② 数値を桁区切りスタイルに変更しよう

1 表示形式を変更するセル範囲を選択します。

2 [ホーム] タブの [桁区切りスタイル] をクリックすると、

3 数値が3桁ごとに「,」で区切られて表示されます。

マイナスの数値は赤字で表示されます。

数値が見やすくなりました！

223

③ 数値をパーセントスタイルに変更しよう

1 表示形式を変更するセル範囲を選択します。

2 [ホーム] タブの [パーセントスタイル] をクリックすると、

	コーヒー	紅茶	緑茶	その他	合計
東京	6,980	5,100	2,450	1,350	15,880
神奈川	5,470	4,700	2,060	1,150	13,380
合計	12,450	9,800	4,510	2,500	29,260
売上目標	12,000	10,000	5,000	2,000	29,000
差額	450	-200	-490	500	260
達成率	104%	98%	90%	125%	101%

3 選択した範囲がパーセント表示に変更されます。

Memo

表示形式をもとに戻す

設定した表示形式をもとに戻すには、セル範囲を選択して、[ホーム] タブの [数値の書式] の をクリックし、[標準] をクリックします。

4 小数点以下の表示桁数を変更しよう

1 表示桁数を変更するセル範囲を選択します。

2 [ホーム]タブの[小数点以下の表示桁数を増やす]をクリックすると、

3 小数点以下の表示桁数が1つ増えます。

	A	B	C	D	E	F	G
1	第1四半期ドリンク売上						
2							
3		コーヒー	紅茶	緑茶	その他	合計	
4	東京	6,980	5,100	2,450	1,350	15,880	
5	神奈川	5,470	4,700	2,060	1,150	13,380	
6	合計	12,450	9,800	4,510	2,500	29,260	
7	売上目標	12,000	10,000	5,000	2,000	29,000	
8	差額	450	-200	-490	500	260	
9	達成率	103.8%	98.0%	90.2%	125.0%	100.9%	
10							
11							
12							

1回のクリックで桁数が1つ増えます

Hint 小数点以下の表示桁数を減らす

小数点以下の表示桁数を減らす場合は、[小数点以下の表示桁数を減らす] をクリックします。

貼り付けのオプションを使いこなそう

貼り付けのオプションメニューを利用すると、計算結果の値だけを貼り付ける、もとの列幅を保ったまま貼り付ける、表の行と列を入れ替えて貼り付ける、などの便利な機能を利用できます。

便利な操作なので覚えておきましょう

1 計算結果の値のみを貼り付けよう

1 数式の入ったセル範囲を選択して、

2 [ホーム] タブの [コピー] をクリックし、

3 別シートの貼り付け先のセルをクリックします。

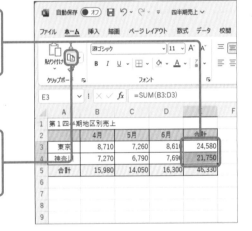

④ [ホーム] タブの
[貼り付け] のこ
こをクリックして、

⑤ [値] をクリックす
ると、

⑥ 計算結果の値だ
けが貼り付けられ
ます。

数式が削除されて
「値」だけがコピーされました

値のみを貼り付ける

セル参照（236 ページ参照）を利用している数式の計算結果を
別のシートに貼り付けると、正しい結果が表示されません。こ
れは、セル参照が貼り付け先のシートのセルに変更されて、正
しい計算が行えないためです。このような場合は、値だけを貼
り付けると計算結果だけを利用できます。

② もとの列幅を保ったまま貼り付けよう

① コピーするセル範囲を選択して、

② [ホーム] タブの [コピー] をクリックします。

③ 別シートの貼り付け先のセル [A2] をクリックします。

④ [ホーム] タブの [貼り付け] のここをクリックして、

⑤ [元の列幅を保持] をクリックすると、

⑥ コピーしたセル範囲と同じ列幅で表が貼り付けられます。

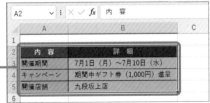

③ 行と列を入れ替えて貼り付けよう

表を作り直す
手間が省けて
便利です

1 コピーするセル範囲を選択して、

2 [ホーム] タブの [コピー] をクリックします。

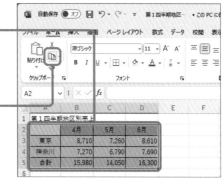

3 貼り付け先のセルをクリックして、

4 [ホーム] タブの [貼り付け] のここをクリックし、

5 [行/列の入れ替え] をクリックすると、

6 行と列が入れ替えて貼り付けられます。

	A	B	C	D	E	F
1	第1四半期地区別売上					
2		4月	5月	6月		
3	東京	8,710	7,260	8,610		
4	神奈川	7,270	6,790	7,690		
5	合計	15,980	14,050	16,300		
6						
7		東京	神奈川	合計		
8	4月	8,710	7,270	15,980		
9	5月	7,260	6,790	14,050		
10	6月	8,610	7,690	16,300		

Section 25 条件に基づいて書式を設定しよう

条件付き書式とは、条件に基づいてセルを強調表示したり、データを相対的に評価して視覚化したりする機能のことです。特定のセルを目立たせたり、値の大小に応じてデータバーを表示したりすることができます。

1 特定の値より大きい数値に色を付けよう

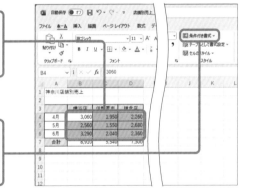

1 条件付き書式を設定するセル範囲を選択します。

2 [ホーム] タブの [条件付き書式] をクリックして、

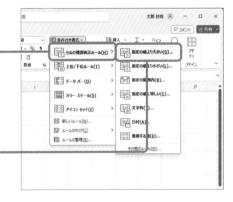

3 [セルの強調表示ルール] にマウスポインターを合わせ、

4 [指定の値より大きい] をクリックします。

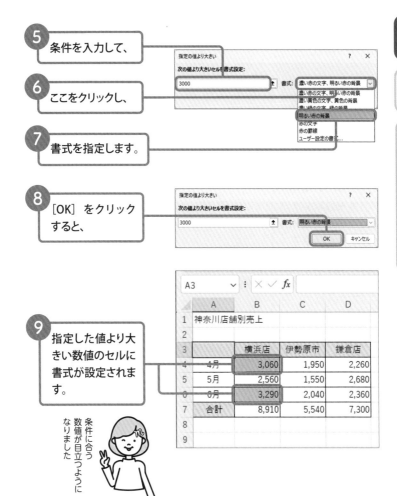

5 条件を入力して、

6 ここをクリックし、

7 書式を指定します。

8 [OK] をクリックすると、

9 指定した値より大きい数値のセルに書式が設定されます。

条件に合う数値が目立つようになりました

条件付き書式を解除する

書式を解除したいセル範囲を選択して、[ホーム] タブの [条件付き書式] をクリックし、[ルールのクリア] から [選択したセルからルールをクリア] をクリックします。

2 数値の大小をデータバーで表示しよう

データバーを設定するセル範囲を選択して、

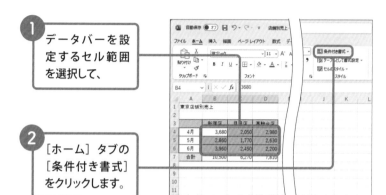

[ホーム] タブの [条件付き書式] をクリックします。

[データバー] にマウスポインターを合わせて、

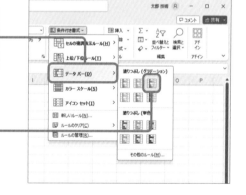

設定したい色をクリックすると、

値の大小に応じたデータバーが表示されます。

Excel編

Chapter

3

数式や関数を
利用しよう

数値を使って計算するには、計算結果を表示するセルに数式を入力します。数式を入力する方法はいくつかありますが、ここでは、セル内に直接、数値や算術演算子を入力して計算する方法を紹介します。

数式を入力して計算しよう

1 数式を入力するセルをクリックして、半角で「=」を入力し、

数式の始めには必ず「=」（等号）を入力します

2 「10500」と入力します。

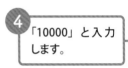

③ 半角で「-」(マイナス) を入力して、

SUMIF	✓ : × ✓ fx	=10500-		
	A	B	C	D	E
1	第1四半期店舗別売上				
2					
3		新宿店	目黒店	高輪台店	合計
4	売上実績	10,500	6,270	7,810	24,580
5	売上目標	10,000	6,000	8,000	24,000
6	差額	=10500-			
7					
8					

④ 「10000」と入力します。

⑤ Enter を押すと、

SUMIF	✓ : × ✓ fx	=10500-10000		
	A	B	C	D	E
1	第1四半期店舗別売上				
2					
3		新宿店	目黒店	高輪台店	合計
4	売上実績	10,500	6,270	7,810	24,580
5	売上目標	10,000	6,000	8,000	24,000
6	差額	=10500-10000			
7					
8					

⑥ 計算結果が表示されます。

B7	✓ : × ✓ fx			
	A	B	C	D	E
1	第1四半期店舗別売上				
2					
3		新宿店	目黒店	高輪台店	合計
4	売上実績	10,500	6,270	7,810	24,580
5	売上目標	10,000	6,000	8,000	24,000
6	差額	500			
7					
8					

Memo

数式の入力

数式では、計算結果を表示したいセルに「=」(等号) を入力し、＊ (かけ算)、/ (割り算)、＋ (足し算)、− (引き算) などの算術演算子と数値を入力して計算を行います。

セルを使って計算しよう

数式は、セル内に直接数値を入力するかわりに、セルの位置を指定して計算することができます。これを「セル参照」といいます。セル参照を利用すると、参照先のセルの数値を修正すると、計算結果も自動的に更新されます。

1 セル参照を利用して計算しよう

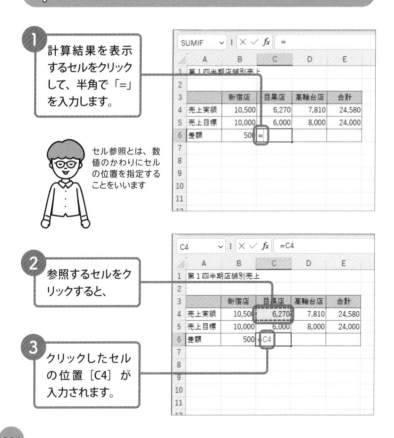

1 計算結果を表示するセルをクリックして、半角で「=」を入力します。

セル参照とは、数値のかわりにセルの位置を指定することをいいます

2 参照するセルをクリックすると、

3 クリックしたセルの位置 [C4] が入力されます。

④ 「-」（マイナス）を入力して、

⑤ 参照するセルをクリックすると、

⑥ クリックしたセルの位置 [C5] が入力されます。

⑦ Enter を押すと、

⑧ 計算結果が表示されます。

Hint 数式の入力を取り消すには？

数式の入力を途中で取り消したい場合は、Esc を押します。また、数式を削除するには、数式が入力されているセルをクリックして、Delete を押します。

28 数式をコピーしよう

行や列で同じ数式を利用するときは、数式をコピーすると効率的です。セル参照を利用した数式をコピーすると、コピー先のセル位置に合わせて参照するセルが自動的に変更されます。

1 ほかのセルに数式をコピーしよう

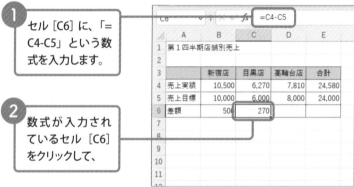

1 セル [C6] に、「=C4-C5」という数式を入力します。

2 数式が入力されているセル [C6] をクリックして、

3 フィルハンドルをセル [E6] までドラッグすると、

④ 数式がコピーされます。

C6		∨ : × ✓ fx	=C4-C5		
	A	B	C	D	E
1	第1四半期店舗別売上				
2					
3		新宿店	目黒店	高輪台店	合計
4	売上実績	10,500	6,270	7,810	24,580
5	売上目標	10,000	6,000	8,000	24,000
6	差額	500	270	-190	580
7					
8					
9					
10					

⑤ コピーしたセルをクリックすると、数式の内容を確認できます。

D6		∨ : × ✓ fx	=D4-D5		
	A	B	C	D	E
1	第1四半期店舗別売上				
2					
3		新宿店	目黒店	高輪台店	合計
4	売上実績	10,500	6,270	7,810	24,580
5	売上目標	10,000	6,000	8,000	24,000
6	差額	500	270	-190	580
7					
8					
9					
10					

計算結果が表示されました！

Memo

セル参照が変化する

数式が入力されているセルをほかのセルにコピーすると、コピーもとのセルとコピー先のセルで相対的な位置関係が保たれるように、セル参照が自動的に変化します。上の手順では、コピーもとの「=C4-C5」という数式が、セル[D6]では「=D4-D5」という数式に変更されています。

セルの参照方式について知ろう

セルの参照方式には、相対参照、絶対参照、複合参照があり、目的に応じて使い分けることができます。ここでは、3種類の参照方式の違いと、参照方式の切り替え方法を確認しておきましょう。

1 セル参照の種類を知ろう

相対参照

「相対参照」とは、数式が入力されているセルを基点として、ほかのセルの位置を相対的な位置関係で指定する参照方式のことです。

数式「=B3/C3」が入力されています。

数式をコピーすると、参照先が自動的に変更されます。

絶対参照

「絶対参照」とは、参照するセルの位置を固定する参照方式のことです。数式をコピーしても、参照するセルの位置は変更されません。

数式「=B3/B7」が入力されています。

数式をコピーすると、「$」が付いた参照先は［B7］のまま固定されます。

複合参照

「複合参照」とは、相対参照と絶対参照を組み合わせた参照方式のことです。数式をコピーしても行や列が変わらないようにするには、複合参照を利用します。

数式「=$B4*C$1」が入力されています。

数式をコピーすると、参照列と参照行だけが固定されます。

	A	B	C	D
1		原価率	0.75	0.85
2				
3	商品名	売値	原価額	原価額
4	煎茶	1050	=$B4*C$1	=$B4*D$1
5	くき茶	550	=$B5*C$1	=$B5*D$1
6	ほうじ茶	380	=$B6*C$1	=$B6*D$1
7	玄米茶	420	=$B7*C$1	=$B7*D$1
8				
9				

② 参照方式を切り替えよう

1 「=」を入力して、参照先のセル（ここではセル［A1］）をクリックします。

2 F4 を押すと、参照方式が絶対参照に切り替わります。

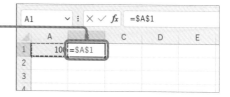

3 続けて F4 を押すと、「列が相対参照、行が絶対参照」の複合参照に切り替わります。

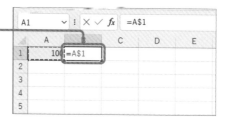

コピーしても参照先が変わらないようにしよう

Excel では通常、セル参照で入力した数式をコピーすると、コピー先のセルの位置に合わせて参照先のセルが自動的に変更されます。特定のセルを常に参照させたい場合は、絶対参照を利用します。

数式を絶対参照でコピーしよう

① セル [C5] に数式「B5*C2」を入力します。

C5	✓ : × ✓ f_x	=B5*C2	
	A	B	C	D
1				
2		原価率	0.75	
3				
4	商品名	売値	原価額	
5	煎茶	1,050	788	
6	くき茶	550		
7	ほうじ茶	380		
8	玄米茶	420		
9				

② セル [C5] をダブルクリックします。

③ 参照を固定したいセル [C2] をクリックして、

SUMIF	✓ : × ✓ f_x	=B5*C2	
	A	B	C	D
1				
2		原価率	0.75	
3				
4	商品名	売値	原価額	
5	煎茶	1,050	=B5*C2	
6	くき茶	550		
7	ほうじ茶	380		
8	玄米茶	420		
9				

④ F4 を押します。

⑤ セル [C2] が [C2] に変わり、絶対参照になります。

SUMIF	∨ : × ✓ fx	=B5*C2	
	A	B	C	D

	A	B	C	D
1				
2		原価率	0.75	
3				
4	商品名	売値	原価額	
5	煎茶	1,050	=B5*C2	
6	くき茶	550		
7	ほうじ茶	380		
8	玄米茶	420		
9				

F4 を 1 回押すと自動的に「$」が入力され、絶対参照の数式になります

C5	∨ : × ✓ fx	=B5*C2	

	A	B	C	D
1				
2		原価率	0.75	
3				
4	商品名	売値	原価額	
5	煎茶	1,050	788	
6	くき茶	550		
7	ほうじ茶	380		
8	玄米茶	420		
9				

⑥ Enter を押して、計算結果を表示します。

C5	∨ : × ✓ fx	=B5*C2	

	A	B	C	D
1				
2		原価率	0.75	
3				
4	商品名	売値	原価額	
5	煎茶	1,050	788	
6	くき茶	550	413	
7	ほうじ茶	380	285	
8	玄米茶	420	315	
9				

⑦ セル [C5] の数式をセル [C8] までドラッグしてコピーします。

31 合計を計算しよう

Excel では、行や列の合計を求める作業が頻繁に行われます。合計を求めるときは SUM 関数を使います。SUM 関数は、[ホーム] タブの [オートSUM] からかんたんに入力することができます。

1 データの合計を求めよう

①　合計を表示するセルをクリックして、

関数とは、特定の計算を自動的に行うために用意されている機能のことです

②　[ホーム] タブの [オート SUM] をクリックします。

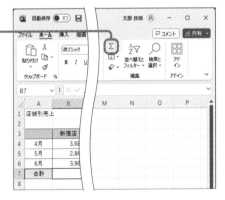

③ 計算の対象となる範囲が自動的に選択されるので、

SUMIF		f_x	=SUM(B4:B6)	
	A	B	C	D
1	店舗別売上			
2				
3		新宿店	目黒店	高輪台店
4	4月	3,680	2,050	2,980
5	5月	2,860	1,770	2,630
6	6月	3,960	2,450	2,200
7	合計	=SUM(B4:B6)		
8		SUM(数値1, [数値2], …)		
9				
10				
11				

④ 間違いがないかを確認して、 Enter を押すと、

⑤ セル範囲の合計が求められます。

B8		f_x		
	A	B	C	D
1	店舗別売上			
2				
3		新宿店	目黒店	高輪台店
4	4月	3,680	2,050	2,980
5	5月	2,860	1,770	2,630
6	6月	3,960	2,450	2,200
7	合計	10,500		
8				
9				
10				
11				

関数を使うとかんたんに計算できます

Memo SUM 関数

[オ ト SUM] を利用して合計を求めたセルには、引数に指定された数値やセル範囲の合計を求める「SUM（サム）関数」が入力されています。SUM関数は、[数式]タブの[関数ライブラリ]グループ（248 ページ参照）から入力することもできます。
書式：= SUM（数値 1, [数値 2], …）

平均を計算しよう

Excel では、平均を求める作業も頻繁に行われます。平均を求めるときは、AVERAGE 関数を使います。AVERAGE 関数は、[ホーム] タブの [オートSUM] のメニューから選んで、かんたんに入力することができます。

1 データの平均を求めよう

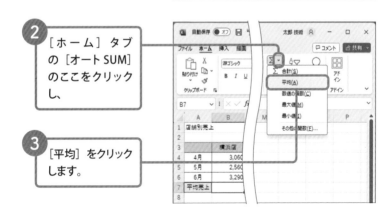

1 平均を表示するセルをクリックして、

2 [ホーム] タブの [オート SUM] のここをクリックし、

3 [平均] をクリックします。

④ 計算の対象となる範囲が自動的に選択されるので、

| SUMIF | ∨ | : | × ✓ ƒx | =AVERAGE(B4:B6) |

	A	B	C	D
1	店舗別売上			
2				
3		横浜店	伊勢原市	鎌倉店
4	4月	3,060	1,950	2,260
5	5月	2,560	1,550	2,680
6	6月	3,290	2,040	2,360
7	平均売上	=AVERAGE(B4:B6)		
8		AVERAGE(数値1, [数値2], ...)		
9				
10				

⑤ 間違いがないかを確認して、 Enter を押すと、

⑥ セル範囲の平均が求められます。

| B8 | ∨ | : | × ✓ ƒx | |

	A	B	C	D
1	店舗別売上			
2				
3		横浜店	伊勢原市	鎌倉店
4	4月	3,060	1,950	2,260
5	5月	2,560	1,550	2,680
6	6月	3,290	2,040	2,360
7	平均売上	2,970		
8				
9				
10				

平均の計算には関数が便利です

Memo

AVERAGE 関数

「AVERAGE（アベレージ）関数」は、引数に指定された数値や
セル範囲の平均を求める関数です。AVERAGE 関数は、［数式］
タブの［関数ライブラリ］グループ（248 ページ参照）から入
力することもできます。

書式：= AVERAGE（数値 1,［数値 2］,…）

条件によって異なる結果を表示しよう

指定した条件によって異なる結果を表示させたいときは、IF関数を使います。
ここでは、指定した条件を満たす場合は「達成」、満たさない場合は「未達成」
という文字を表示してみましょう。

1 条件に応じてセルを振り分けよう

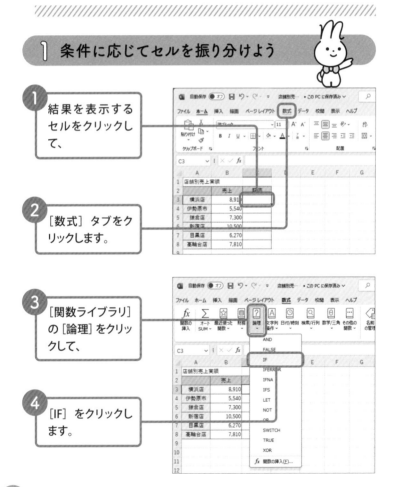

1 結果を表示する
セルをクリックし
て、

2 [数式] タブをク
リックします。

3 [関数ライブラリ]
の [論理] をクリッ
クして、

4 [IF] をクリックし
ます。

⑤ [論理式] 欄をクリックして、「B3>=7000」と入力し、

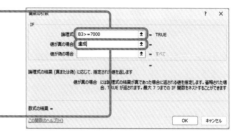

⑥ [値が真の場合] 欄をクリックして、[達成] と入力します。

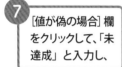

⑦ [値が偽の場合] 欄をクリックして、「未達成」と入力し、

⑧ [OK] をクリックします。

⑨ 結果が表示されるので、

⑩ フィルハンドルをドラッグして、数式をコピーします。

Memo

IF 関数

「IF（イフ）関数」は、引数に条件を指定し、条件を満たすときは「値が真の場合」の処理を、満たさないときは「値が偽の場合」の処理を実行する関数です。

書式：= IF（論理式, 値が真の場合, 値が偽の場合）

条件を満たす値を集計しよう

表の中から条件に合ったセルの値だけを合計したいときは、SUMIF関数を使います。ここでは、指定したセル範囲の中から検索条件に一致するデータを検索して、検索結果に対応する数値データを合計します。

1 条件を満たすセルの値を合計しよう

1 結果を表示するセルをクリックして、

2 [数式] タブをクリックします。

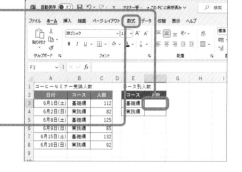

3 [関数ライブラリ] の [数学/三角] をクリックして、

4 [SUMIF] をクリックします。

E

Chapter
3

数式／関数

5 [範囲] 欄をクリックして、

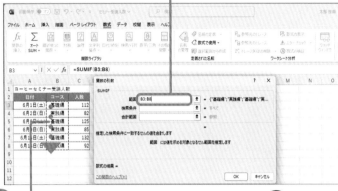

6 検索の対象となるセル範囲を
ドラッグして指定します。

[関数ライブラリ] の使い方は
覚えておきましょう

7 [検索条件] 欄をクリックして、

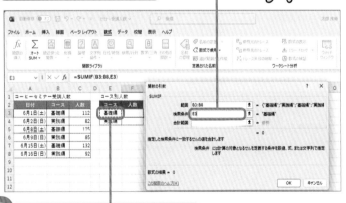

8 条件を入力したセルをクリックします。

251

9 [合計範囲] 欄をクリックして、

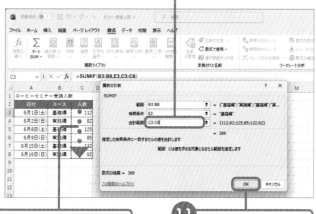

10 計算の対象とするセル範囲を
ドラッグして指定します。

11 [OK] をクリックすると、

12 条件に一致した
セルの合計が求
められます。

	A	B	C	D	E	F
1	コーヒーセミナー受講人数				コース別人数	
2	日付	コース	人数		コース	人数
3	6月1日(土)	基礎編	112		基礎編	369
4	6月2日(日)	実践編	82		実践編	
5	6月8日(土)	基礎編	125			
6	6月9日(日)	実践編	85			
7	6月15日(土)	基礎編	132			
8	6月16日(日)	実践編	92			
9						
10						

F3 ✓ : × ✓ fx =SUMIF(B3:B8,E3,C3:C8)

Memo

SUMIF 関数

「SUMIF（サムイフ）関数」は、引数に指定したセル範囲から、
検索条件に一致するセルの値を合計する関数です。
書式： = SUMIF（範囲 , 検索条件 , [合計範囲]）

Excel編

Chapter

4

グラフを利用しよう

35 グラフを作成しよう

[挿入] タブの [おすすめグラフ] を利用すると、表の内容に適したグラフ
をかんたんに作成することができます。また、[グラフ] グループに用意され
ているコマンドを利用してグラフを作成することもできます。

1 データに適したグラフを作成しよう

1 グラフのもとにな
るセル範囲を選
択して、

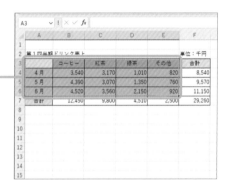

2 [挿入] タブをク
リックし、

3 [おすすめグラフ]
をクリックします。

最適なグラフが
自動で選ばれます

4 作成したいグラフ
をクリックして、

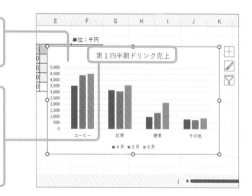

5 [OK] をクリック
すると、

6 グラフが作成され
ます。

単位：千円

第1四半期ドリンク売上

7 「グラフタイトル」
と表示されている
部分をクリックし
て、タイトルを入
力します。

■4月　■5月　■6月

Hint グラフを作成するそのほかの方法

グラフは、[挿入] タブの
[グラフ] グループに用意さ
れているコマンドを使って
も作成することができます。
グラフの種類に対応したコ
マンドをクリックして、目
的のグラフを選択します。

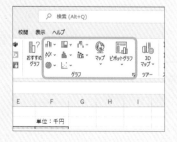

グラフの位置やサイズを変更しよう

作成した直後のグラフは、グラフのもとデータがあるシートの中央に表示されます。グラフは、ドラッグして任意の位置に移動したり、サイズを変更したりすることができます。

1 グラフを移動しよう

1 グラフエリアの何もないところをクリックしてグラフを選択し、

2 移動したい場所までドラッグすると、

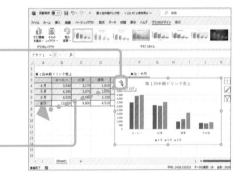

3 グラフが移動されます。

② グラフの大きさを変更しよう

1 グラフをクリックします。

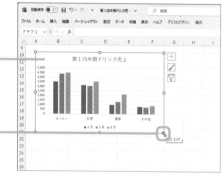

2 サイズ変更ハンドルにマウスポインターを合わせて、

3 変更したい大きさになるまでドラッグすると、

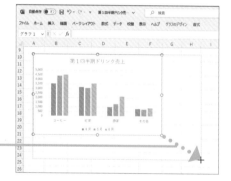

4 グラフの大きさが変更されます。

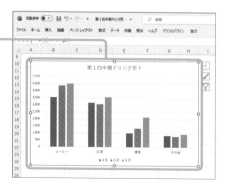

文字サイズや凡例などの表示サイズは、もとのサイズのままです。

37 軸ラベルを表示させよう

作成した直後のグラフには、グラフタイトルと凡例だけが表示されています。
ほかのグラフ要素は、必要に応じて追加することができます。ここでは、縦
軸ラベルと目盛線を追加してみましょう。

1 縦軸ラベルを追加しよう

1 グラフをクリックして、

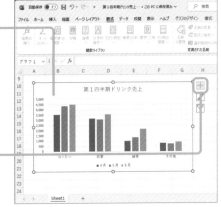

2 [グラフ要素] を
クリックし、

3 [軸ラベル] にマ
ウスポインターを
合わせます。

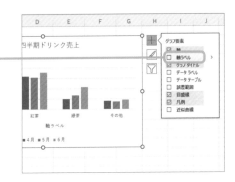

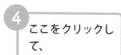

④ ここをクリックして、

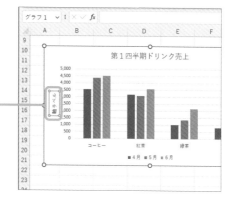

⑤ [第1縦軸] をクリックすると、

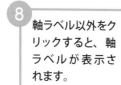

⑥ グラフエリアの左側に「軸ラベル」と表示されます。

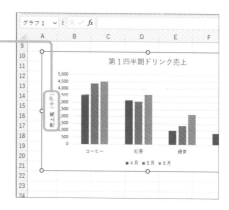

⑦ クリックして軸ラベル名を入力し、

⑧ 軸ラベル以外をクリックすると、軸ラベルが表示されます。

② 軸ラベルの文字方向を変更しよう

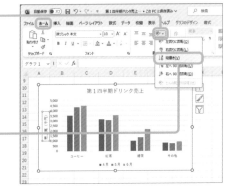

1 軸ラベルをクリックします。

2 [ホーム] タブの [方向] をクリックして、

3 [縦書き] をクリックすると、

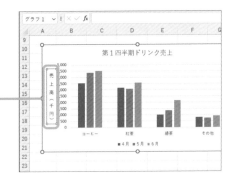

4 軸ラベルの文字方向が縦書きに変更されます。

③ 目盛線を追加しよう

1 グラフをクリックして、[グラフ要素]をクリックし、

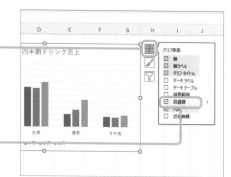

2 [目盛線]にマウスポインターを合わせます。

3 ここをクリックして、

4 [第1主縦軸]をクリックすると、

5 主縦軸目盛線が表示されます。

グラフが見やすくなりました！

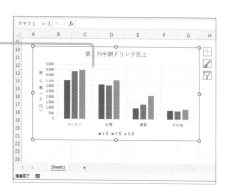

38 グラフの種類を変更しよう

グラフの種類は、グラフを作成したあとでも、変更することができます。グラフの種類を変更すると、変更前のグラフに設定していたレイアウトやデザインはそのまま引き継がれます。

1 棒グラフを折れ線グラフに変更しよう

1 グラフをクリックして、

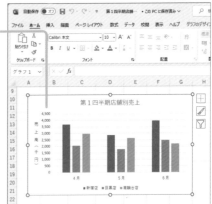

2 [グラフのデザイン] タブをクリックし、

3 [グラフの種類の変更] をクリックします。

④ グラフの種類をクリックして、

⑤ 目的のグラフをクリックします。

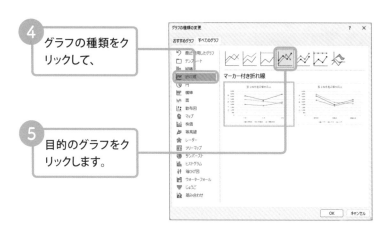

⑥ 表示するグラフのタイプをクリックして、

⑦ [OK] をクリックすると、

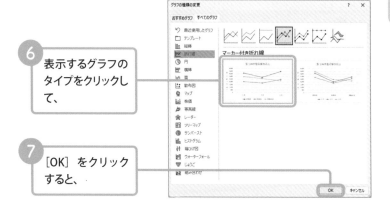

⑧ グラフの種類が変更されます。

39 グラフのレイアウトや デザインを変更しよう

グラフのレイアウトやデザインは、あらかじめ用意されている［クイックレイアウト］や［グラフスタイル］から好みの設定を選ぶだけで、かんたんに変更することができます。

1 グラフのレイアウトを変更しよう

1 グラフをクリックします。

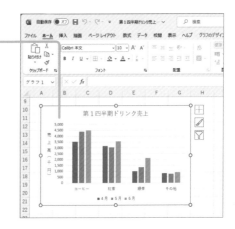

2 ［グラフのデザイン］タブをクリックして、

3 ［クイックレイアウト］をクリックします。

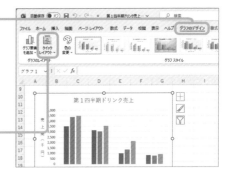

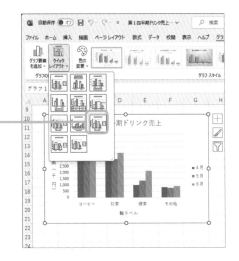

4 使用したいレイアウト（ここでは［レイアウト9]）をクリックすると、

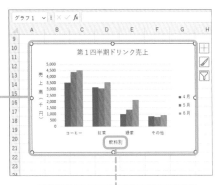

5 グラフ全体のレイアウトが変わります。

軸ラベル名を入力しています。

グラフのレイアウトがかんたんに変更できました！

2 グラフのスタイルを変更しよう

1 グラフをクリックして、[グラフのデザイン] タブをクリックし、

2 [グラフスタイル] の [その他] をクリックします。

3 使用したいスタイルをクリックすると、

4 グラフのスタイルが変更されます。

Stepup グラフの色を変更する

グラフ全体の色味を変更することもできます。グラフをクリックして、[グラフのデザイン] タブの [色の変更]をクリックし、使用したい色をクリックします。

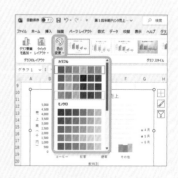

Excel編

Chapter

5

表とグラフを
印刷しよう

Section

改ページ位置を指定して印刷しよう

サイズの大きい表を印刷すると、自動的にページが分割されますが、区切りのよい位置で改ページされるとは限りません。このようなときは、目的の位置で改ページされるように設定しましょう。

改ページプレビューを表示しよう

1 [表示] タブをクリックして、

2 [改ページプレビュー] をクリックすると、

3 改ページプレビューが表示されます。

4 印刷される領域が青い太枠で囲まれ、改ページ位置に破線が表示されます。

② 改ページ位置を調整しよう

区切りのよい位置で改ページしましょう

1 改ページ位置を示す青い破線にマウスポインターを合わせて、

2 ドラッグして改ページの位置を調整します。

3 変更した改ページ位置が青い太線で表示されます。

Memo 画面表示を標準ビューに戻すには？

標準の画面表示（標準ビュー）に戻すには、［表示］タブの［標準］をクリックします。

表を1ページに収めて印刷しよう

表を印刷したとき、列や行が次の用紙に少しだけはみ出してしまう場合があります。このような場合は、シートを縮小したり、余白を調整したりすることで1枚の用紙に収めることができます。

1 印刷プレビューで確認しよう

1 [ファイル] タブをクリックして、[印刷] をクリックします。

2 [次のページ]をクリックすると、

3 表の右側が2ページ目にはみ出していることが確認できます。

② はみ出した表を1ページに収めよう

1 [拡大縮小なし]をクリックして、

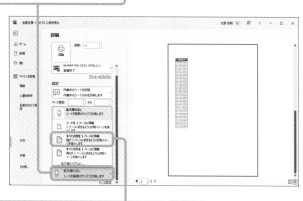

2 [すべての列を1ページに印刷]をクリックすると、

はみ出した部分が
1ページに収まりました

3 表が1ページに収まるように縮小されます。

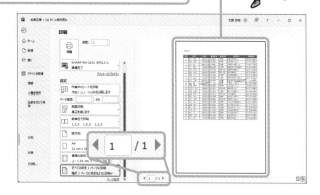

42 ヘッダーとフッターを挿入しよう

すべてのページの上部や下部にファイル名やページ番号などの情報を印刷したいときは、ヘッダーやフッターを挿入します。シートの上部余白に印刷される情報をヘッダー、下部余白に印刷される情報をフッターといいます。

1 ヘッダーにファイル名を表示しよう

1 [表示] タブをクリックして、

2 [ページレイアウト] をクリックし、

3 ヘッダーを表示するエリアをクリックします。

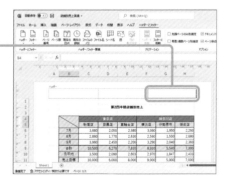

ファイル名や日付を入れるとよいでしょう

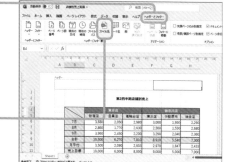

④ [ヘッダーとフッター] タブをクリックして、

⑤ [ファイル名] をクリックすると、

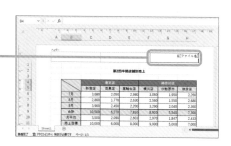

⑥ 「& [ファイル名]」と挿入されます。

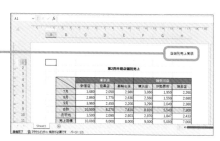

⑦ ヘッダーエリア以外の部分をクリックすると、ファイル名が表示されます。

Memo

画面表示を標準ビューに戻す

画面を標準ビューに戻すには、[表示] タブの [標準] をクリックします。なお、カーソルがヘッダーあるいはフッター領域にある場合は、[表示] タブの [標準] コマンドは選択できません。

2 フッターにページ番号を表示しよう

ページ番号があると順番がわかりやすいです

1 [表示] タブをクリックして、

2 [ページレイアウト] をクリックします。

3 画面を下にスクロールして、フッターを表示するエリアをクリックし、

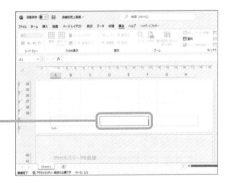

4 [ヘッダーとフッター] タブをクリックします。

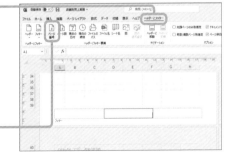

5 [ページ番号] をクリックすると、

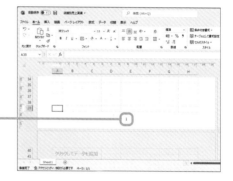

6 「& [ページ番号]」と挿入されます。

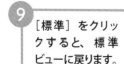

7 フッターエリア以外の部分をクリックすると、ページ番号が表示されます。

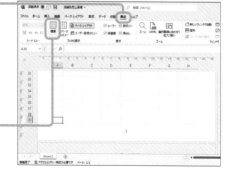

8 [表示] タブをクリックして、

9 [標準] をクリックすると、標準ビューに戻ります。

指定した範囲だけを印刷しよう

表の一部分だけを印刷したい場合、方法は2つあります。選択したセル範囲を一度だけ印刷したい場合は、[選択した部分を印刷]を指定して印刷を行います。常に同じ部分を印刷したい場合は、印刷範囲を設定します。

1 選択した範囲を印刷しよう

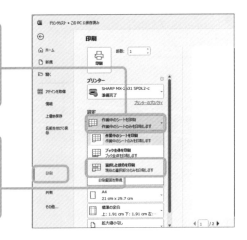

1 印刷したいセル範囲を選択して、

2 [ファイル]タブをクリックします。

3 [印刷]をクリックして、[作業中のシートを印刷]をクリックし、

4 [選択した部分を印刷]をクリックして、印刷を行います。

② 印刷範囲を設定しよう

1 印刷範囲に設定するセル範囲を選択して、

2 [ページレイアウト] タブをクリックします。

3 [印刷範囲] をクリックして、

4 [印刷範囲の設定] をクリックすると、印刷範囲が設定されます。

Memo

印刷範囲を解除するには?

設定した印刷範囲を解除するには、[印刷範囲] をクリックして、[印刷範囲のクリア] をクリックします。

すべてのシートを
まとめて印刷しよう

ブック内にある複数のシートをまとめて印刷したいときは、[印刷] 画面で [ブック全体を印刷] を指定します。必要なシートだけをまとめて印刷したいときは、シート見出しを選択してから印刷を行います。

1 複数のシートをまとめて印刷しよう

1 [ファイル] タブをクリックします。

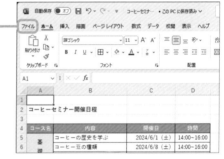

2 [印刷] をクリックして、[作業中のシートを印刷] をクリックし、

3 [ブック全体を印刷] をクリックして、印刷を行います。

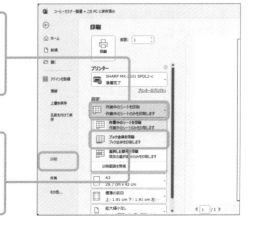

② 特定のシートだけをまとめて印刷しよう

1 Ctrl を押しながら印刷したいシートの見出しをクリックして選択します。

2 [ファイル] タブをクリックして、

3 [印刷] をクリックし、

4 [印刷] をクリックします。

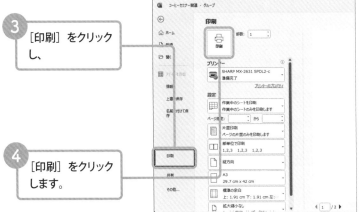

Memo シートがグループ化される

Ctrl を押しながらシート見出しをクリックすると、選択したシートがグループ化されます。グループを解除するには、グループ以外のいずれかのシート見出しをクリックします。

2ページ目以降に
見出しを付けて印刷しよう

縦長や横長の表を作成したとき、そのまま印刷すると2ページ目以降には行や列の見出しが表示されないため、わかりにくくなります。このような場合は、すべてのページに見出しが印刷されるように設定するとよいでしょう。

タイトル行を設定しよう

[ページレイアウト] タブをクリックして、

[印刷タイトル] をクリックし、

[タイトル行] の ボックスをクリック します。

Hint タイトル列を設定する

タイトル列を設定する場合は、手順❸で [タイトル列] のボックスをクリックして、見出しに設定したい列を指定します。

④ 見出しにしたい行番号を
ドラッグすると、

⑤ タイトル行が指定
されます。

⑥ [印刷プレビュー]をクリックして、

⑦ [次のページ]をクリックすると、

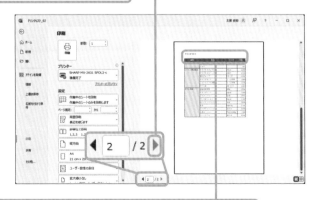

⑧ 2ページ以降にも見出しが付いていることを確認できます。

46 グラフのみを印刷しよう

表のデータをもとにグラフを作成すると、グラフは表と同じシートに作成されます。そのまま印刷すると、表とグラフがいっしょに印刷されます。グラフだけを印刷したい場合は、グラフを選択してから印刷を実行します。

グラフを選択して印刷しよう

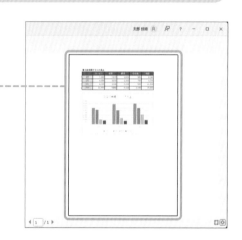

通常に印刷すると、表とグラフが一緒に印刷されます。

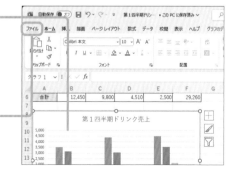

1 グラフをクリックして選択し、

2 [ファイル] タブをクリックします。

③ [印刷] をクリックすると、

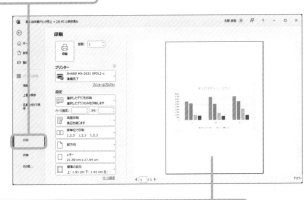

④ グラフのサイズに適した用紙が選択され、
グラフが用紙いっぱいに印刷されるように拡大されます。

⑤ 必要に応じて、印刷の向きや用紙、余白などを設定し、

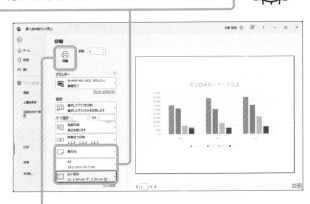

⑥ [印刷] をクリックします。

Index

Index